国家社科基金
后期资助项目
GUOJIA SHEKE JIJIN HOUQI ZIZHU XIANGMU

日本环境保护战略
演进与实践成效研究

Research on the Evolution of Japan's Environmental Protection Strategy and Practical Effects

施锦芳 著

U0209832

科 学 出 版 社
北 京

内 容 简 介

本书从全球、中国和日本的环境保护现状及问题角度出发,阐述环境保护与经济社会可持续发展的相关理论,追溯历史并考察了日本环境保护的阶段性状况与特征,并梳理总结了日本不断完善的环境保护法律法规体系。同时,从循环经济、低碳经济、废弃物贸易和绿色消费等角度,全面梳理日本环境保护的实践。结合中国环境保护现状,同时借鉴日本经验为中国政府今后应对环境保护与经济社会可持续发展问题提出政策建议。

本书可供研究日本环境保护实践、循环经济与低碳经济理论的教师及研究人员阅读参考,也可供政府部门从事环境保护及经济社会可持续发展相关政策制定的管理人员使用。

图书在版编目(CIP)数据

日本环境保护战略演进与实践成效研究/施锦芳著. —北京:科学出版社, 2021.3

ISBN 978-7-03-068069-3

Ⅰ. ①日… Ⅱ. ①施… Ⅲ. ①环境保护战略-研究-日本 Ⅳ. ①X323.13

中国版本图书馆 CIP 数据核字(2021)第 027509 号

责任编辑:马 跃/责任校对:杨 赛
责任印制:张 伟/封面设计:无极书装

科学出版社 出版
北京东黄城根北街 16 号
邮政编码:100717
http://www.sciencep.com

北京中石油彩色印刷有限责任公司 印刷
科学出版社发行 各地新华书店经销
*

2021 年 3 月第 一 版 开本:720×1000 1/16
2021 年 3 月第一次印刷 印张:10
字数:200 000
定价:98.00 元
(如有印装质量问题,我社负责调换)

国家社科基金后期资助项目
出版说明

后期资助项目是国家社科基金设立的一类重要项目，旨在鼓励广大社科研究者潜心治学，支持基础研究多出优秀成果。它是经过严格评审，从接近完成的科研成果中遴选立项的。为扩大后期资助项目的影响，更好地推动学术发展，促进成果转化，全国哲学社会科学工作办公室按照"统一设计、统一标识、统一版式、形成系列"的总体要求，组织出版国家社科基金后期资助项目成果。

全国哲学社会科学工作办公室

前　言

　　生态环境是人类赖以生存发展的基本条件，也是经济活动和社会发展的基础。1992 年联合国环境与发展大会提出"可持续发展"概念以来，转变经济增长方式与保护生态环境已成为国际社会的普遍共识。党的十八大以来，生态文明建设被提升到前所未有的战略高度，而实施绿色发展战略、建设美丽中国、以低碳循环生产方式促进经济社会可持续发展也取得显著成效。由此，如何以生态文明建设为导向，探索创新和绿色发展双轮驱动模式，进而推动中国特色社会主义现代化进程成为时代热点与前沿课题。2013 年 9 月，习近平同志在哈萨克斯坦纳扎尔巴耶夫大学发表演讲时指出："我们既要绿水青山，也要金山银山。宁要绿水青山，不要金山银山，而且绿水青山就是金山银山。"（习近平，2013）2017 年 3 月，李克强同志在政府工作报告中强调："加大生态环境保护治理力度。加快改善生态环境特别是空气质量，是人民群众的迫切愿望，是可持续发展的内在要求。必须科学施策、标本兼治、铁腕治理，努力向人民群众交出合格答卷。"（李克强，2017）这些表述表达了党和政府大力推进生态文明建设的鲜明态度与坚定决心。作为新型经济社会发展模式，循环经济、低碳经济不仅能促进经济社会可持续发展，更能助力中国生态环境保护建设，对此，日本的绿色发展实践及经验教训对中国具有重要的借鉴意义。

　　自明治维新开始，环境污染与生态破坏便伴随着日本工业化进程，尤其是在第二次世界大战后的经济高速增长时期，这一发展矛盾更为激化，日本为此付出了沉重的环境代价。但在此后较短时间内，日本的环境治理取得显著成效，实现了由备受公害困扰的国家到环保型经济发达国家的重要转变。从"公害大国"到"环保大国"，日本的环境保护演变过程值得中国深入探析。由此，本书以环境立国取得显著成效的日本为研究对象，旨在从循环经济、低碳经济、废弃物贸易和绿色消费等研究视角出发，对日本从第二次世界大战后至今的环境保护推进状况、制度构建和实践成效进行全面分析。

　　本书的主要内容包括四篇十章。

　　第一篇为理论基础，由第一章构成。首先，对当前全球、中国和日本的生态环境保护现状及存在的问题进行总结归纳，介绍了本书的写作背景及意义。其次，在内容上以循环经济、低碳经济等主要环境经济学理论及国内外研究现状为主，在清晰界定循环经济等相关概念的同时，笔者分别从宏观、中观和微观三个层面对日本循环型社会构建的相关研究进行了细致梳理与简要评述。最后，在文献梳理基础上，笔者综述了国内外循环经济和低碳经济相关研究的发展过程。

第二篇为战略演进，由第二章和第三章构成。第二章追溯历史回顾了明治维新以来日本环境保护制度的推进状况，并分时期考察了日本环境保护的阶段性状况与特征。第三章着重介绍了围绕构建循环型社会，日本提出的环境立国战略及其所形成的完备的环境保护法律法规体系。环境立国战略作为一个总括性指导方案，其明确了日本生态环境保护的目标及发展方向。

第三篇为实践成效，由第四章至第八章构成。第四章以容器包装物、家电产品、建筑垃圾、食品、汽车和小家电产品等不同领域循环经济的推进实施状况和发展特征为基准，全面评价了日本循环经济的实践成效。第五章深入探究了日本低碳经济发展的历程、现状、存在的问题及解决措施。第六章及第七章分别总结归纳了日本废弃物贸易的状况和面临的贸易壁垒，以及绿色消费的推进历程、现状和特征。第八章从宏观视角综合评价了日本环境保护战略所产生的成效。

第四篇为思考借鉴，由第九章和第十章组成。第九章在考察中国环境保护推进历程、状况及特征的基础上，对比日本分析了中国在环境保护实践方面存在的不足及问题。第十章在前文基础上，提出符合中国经济社会实际的环境保护政策建议。

本书以为中国提供积极借鉴为目标导向，全面总结归纳并分析了二战后至今日本环境保护的制度构建和战略演进，这也是本书的创新之处及笔者写作本书的初衷。本书在研究方法方面，竭力避免单纯规范分析所引致的主观随意性过强，以及仅依靠实证计量工具分析所造成的理论分析不足的缺点，并始终遵循规范分析与实证分析相辅相成。本书将理论研究与实践分析相结合，不仅在理论研究方面取得了富有启发性的成果，而且在实践分析部分为中国创建循环型低碳社会提供了新的启示，具有较高的社会效益。

目　录

第一篇 理 论 基 础

第一章　绪　　论

第一节　写作背景、意义

近年来，随着经济全球化的深入发展，生态环境保护问题、人口问题及资源枯竭成了当今国际社会面临的共同难题，而实现可持续发展则是解决这些难题的关键。生态环境是人类赖以生存发展的基本条件，是社会发展的基础。环境保护问题实际上就是如何处理好人与自然和谐相处的问题。在人类五千多年的文明史中，人类与自然的关系经历了崇拜自然、征服自然、协调自然三个阶段。20世纪60年代，《寂静的春天》一书阐述了化学物质对自然和人类的危害，使人们开始关注和审视工业化发展带来的环境问题。20世纪80年代后期，世界环境与发展委员会发布的报告中，首次提出了"可持续发展"的概念——在保护环境的前提下既满足当代人的需求，又不损害后代人需求的经济社会发展模式。换言之，要改变传统的经济社会发展模式，就必须选择可持续发展的道路。循环经济、低碳经济正是实现可持续发展目标的新型经济社会发展模式。

第二次世界大战（以下简称二战）后，日本用20多年的时间一跃成为世界第二经济大国，其成功经验对渴望经济赶超的第三世界国家无疑具有巨大吸引力。需要注意的是，二战后日本国内经济恢复与发展的同时，也造成了严重的生态破坏和环境污染，对此曾付出沉重的环境代价，并且经历了包括水污染、大气污染等在内的严重的"四大公害"。日本政府深刻地认识到经济发展不能以牺牲环境为代价，因此，如何在发展经济的同时保持经济社会可持续发展的难题也曾长期困扰日本政府。日本是世界上最早明确提出循环经济理论，也是运用和推广循环经济最成功的国家之一。2000年，日本政府将"实现发展经济和保护环境双赢"确定为长期的治国方针。

世界经济发展至今，人类在获得极大的物质资源享受的同时，也对环境造成了严重的破坏，甚至有些破坏是无法修复的。如何解决人类经济发展过程中环境与经济可持续发展的矛盾，已经成为各国越来越关注并进行深入研究的课题。在过去一段时间，中国经济发展中消耗了大量能源和资源，且能源使用率较低，而转变经济增长模式面临的最大挑战是保护环境和节能减排。2012年11月，党的十八大报告首次把大力推进生态文明建设作为独立专题，把生态文明建设摆在突出地位，力图将生态文明理念融入经济建设、政治建设、文化建设、社会建设各方面和全过程，努力建设美丽中国。目前我国经济发展中仍存在增长方式粗放、经济发展与资源环境矛盾突出等问题，要想实现"美丽中国"的目标在经济建设方面就必须大力发展循环经济和低碳经济。2013年9月，习近平在哈萨克斯坦纳扎尔巴耶夫大学发表演讲时指出："中国明确把生态环境保护摆在更加突出的位置。我们既要绿水青山，也要金山银山。宁要绿水青山，不要金山银山，而且绿水青山就是金山银山。我们绝不能以牺牲生态环境为代价换取经济的一时发展。我们提出了建设生态文明、建设美丽中国的战略任务，给子孙留下天蓝、地绿、水净的美好家园。"（习近平，2013）这一表述生动形象地表达了党和政府大力推进生态文明建设的鲜明态度和坚定决心。2015年10月，习近平同志在党的十八届五中全会上提出"创新、协调、绿色、开放、共享"的发展理念，并指出绿色低碳循环发展之路是实现可持续发展的必然选择。2017年3月，李克强同志在第十二届全国人民代表大会政府工作报告中强调："加大生态环境保护治理力度。加快改善生态环境特别是空气质量，是人民群众的迫切愿望，是可持续发展的内在要求。必须科学施策、标本兼治、铁腕治理，努力向人民群众交出合格答卷。"（李克强，2017）2018年5月，习近平在全国生态环境保护大会上的讲话中指出："生态环境是关系党的使命宗旨的重大政治问题，也是关系民生的重大社会问题。广大人民群众热切期盼加快提高生态环境质量。我们要积极回应人民群众所想、所盼、所急，大力推进生态文明建设，提供更多优质生态产品，不断满足人民群众日益增长的优美生态环境需要。"（习近平，2018）

　　综上可知，未来保持中国经济的持续健康发展，环境保护至关重要。建设生态文明是关系人民福祉、关乎民族未来的大事，是实现中华民族伟大复兴中国梦的重要内容。本书深入研究了日本二战后至今的环境保护战略及实践成效，力求从经济学视角为完善环境保护的相关理论及为中国政府加快完善环保社会建设提供有益的借鉴和启示。

第二节　相关概念及理论基础

　　二战至今，日本的"四大公害"事件①、洛杉矶的光化学事件、伦敦

---

① "四大公害"事件指环境污染造成的水俣病（有机水银中毒）、疼痛病（镉中毒）、新潟县水俣病及哮喘病。

的烟雾事件等一次次给世人敲响警钟，全球围绕保护环境的呼声也日益高涨。人们逐渐意识到环境问题是一个复杂的全球性问题，需要不同学科共同进行研究。由此，经济学界、生态学界、社会学界等纷纷从本学科研究范式出发，同时与其他学科进行交叉研究，逐渐提炼出循环经济、低碳经济、废弃物贸易、绿色消费等保护环境的新理念。国内外学者围绕循环经济、低碳经济、废弃物贸易、绿色消费等展开深入细致的研究，使其内涵、理论、方法和路径均不断丰富。

一、相关概念

（一）循环经济相关概念

1. 循环经济的由来

20 世纪 60 年代，Boulding（1966）研究生态经济时首次提出了"循环经济"（circular economy）一词，他从宇宙飞船的发射联想到地球的经济循环。宇宙飞船通过不断消耗自身携带的资源运行，当资源消耗殆尽时便会毁灭。因此，唯一能延长运行时间的方法就是实现飞船内部资源的循环使用，尽可能减少排放废弃物。由此，Boulding 对传统工业经济"资源—产品—排放"的线性经济发展模式提出了批评，认为地球的经济系统也可比作一艘宇宙飞船，尽管地球资源体量大，相对消耗殆尽的周期也很长，但是也只有采用实现对资源循环利用的循环经济模式替代传统的线性经济发展模式，地球才能得以长存。Pearce 和 Turner（1990）在《自然资源和环境经济学》一书中首次使用了"循环经济"这一概念，这也从真正意义上拉开了循环经济理论研究的序幕。

2. 内涵及特征

循环经济是一个综合性的交叉学科，就其共性而言，是指融合了生态系统原理和市场经济规律，秉承循环、再生、资源高效利用原则的网络型和进化型复合生态经济。循环经济是一种生态经济，其包含以下几个要点：人类社会经济活动所遵循的并非机械论规律，而是生态学规律；以储备型经济代替传统的消耗型经济；以新兴的福利量经济代替传统的生产量经济；以各种物质循环利用的循环式经济代替传统的单程式经济。

循环经济有狭义和广义之分。狭义的循环经济是小循环经济，主要是指在企业层面和工业区域层面推行清洁生产、废弃物减量化和再利用，发展生态工业，建设生态工业园区，以达到保护环境的目的。狭义的循环经济主要针对的是废弃物（即垃圾）问题，包括抑制废弃物的产生、将废弃物转变为资源、对废弃物展开合理的再生利用。广义的循环经济则是指大循环经济，覆盖所有社会生产和消费活动。它是指遵循生态学规律，在全社会层面推进绿色生产和消费，集清洁生产、资源综合高效利用、生态设计和可持续消费等于一体，实现废弃物的减量化、再利用和资源化。广义的循环经济侧重于人与自然的关系，强调物质的合理循环和人与自然的和谐相处，这使得它不但细化到环保领域，而且扩大到全社会的层面。广义的循环经济统筹企业生产、区域发展和城乡建设，并对整个社会生产和物质的运行进行规范，以达到人与自然和谐共生之目的，是一种促进社会系统、经济系统和自然生态系统复合运行的新的经济发展模式。一些学者尝试对循环经济的内涵进行界定，提出循环经济是在社会经济、科学技术和社会生态的大系统内，考虑社会和自然两种资源，按照减量化（reduce）、再利用（reuse）、再循环（recycle）的"3R"原则，在资源开采、生产消耗、废弃物产生、社会消费和生态修复等各个环节，逐步建立起全社会资源循环利用、可持续发展的新型国民经济体系（吴季松，2005a）。从定义中不难看出，目前的循环经济已经不只是清洁生产和废弃物的回收利用了，已经成为一种新的生产方式、生活方式和新型国民经济体系了。

从资源和物质的循环、合理利用视角来看，循环经济就是在人、自然资源和科学技术的大系统内，在资源投入、企业生产、产品消费及其废弃的全过程中，不断提高资源利用效率，把传统的、依赖资源净消耗线性增加的粗放链式经济，转变为依附于自然生态良性循环来发展的集约闭环经济，持有这种观点的典型代表为吴季松（2005a）；从生态经济学视角定义循环经济，循环经济是生态经济的俗称，是基于系统生态原理和市场经济规律组织起来的具有高效的资源代谢过程、完整的系统耦合结构及整体、协同、循环、自生功能的网络型、进化型、复合型生态经济。曲格平（2001）和齐建国（2004）等学者认为循环经济本质上是一种生态经济，它要求运用生态学规律而不是机械论规律来指导人类社会的经济活动。武春友等（2005）将循环经济定义为以人类可持续发展为增长目的，以循环利用的资源和环境为物质基础，充分满足人类的物质财富需求，生产者、消费者和分解者高效协调的经济形态。牛文元（2004）认为，循环经济是指借鉴自然生态进化原理，依据物质循环和能量守恒定律而重构的经济系统。循环经济倡导的是一种与环境保持和谐的经济发展模式，以达到资源使用的减量化、产品的反复使用和废弃物的资源化之目的，强调"清洁生产"，是一种"资源—产品—再生资源"的闭环反馈式循环过程，最终摆脱"大量生产、大量消费、大量废弃"的传统经济模式，实现"最优生产、最适消费、最优废弃"。钱易（2005）认为循环经济是在清洁生产的基础上综合了生产系统和消费系统，将实施范围扩大到所有经济活动的新的发展模式。从与线性经济的异质性视角看，循环经济是按照"3R"原则，把经济活动组织成一个"自然资源—产品和服务—再生资源"的反馈式流程，所有的物质和能源要能够在这个不断进行的经济循环中得到合理和持久的利用，从而把经济增长对资源及环境的影响降低到最低程度。诸大建和朱远（2006）通过总结张思锋、张颖、李兆前、齐建国、王长安、吴玉萍等学者的研究，认为循环经济是人类社会经过线性经济模式、垃圾经济模式之后的第三阶段，是经济、环境、社会三赢的发展模式。

通过上述文献梳理发现，学者基于各自研究领域从多个维度围绕循环经济阐述了各自的理解和观点，这开阔了我们的视野，为深入研究循环经济提供了良好的理论支撑。

3. 基本原则

伴随着人们对循环经济认识的深入，循环经济的原则以最初的"3R"原则为基础、发展到"5R"（减量化、再利用、再循环、再思考、再修复）（reduce，reuse，recycle，rethink，repair），再扩大至"11R"（减量化、再利用、再循环、再思考、再修复、再整合、再提炼、再返还、再形成、再归还和再重建）（reduce，reuse，recycle，rethink，repair，remix，refine，return，reform，restore，rebuilt）等原则。

首先，考察"3R"原则。具体而言，reduce 对应的是减量化原则，主要是指在输入端减少进入生产和消费过程的物质与能源流量。换言之，在投入阶段，通过综合利用和循环使用，尽量减少资源物的使用。在生产中，制造方可以通过减少每个产品的原料使用量、通过重新设计制造工艺来节约资源和减少排放。在输出端，对废弃物的产生，通过预防的方式加以避免。reuse 对应的是再利用原则，是指在消费过程中延长产品和服务的时间与强度。也就是说，尽可能多次或采用多种方式使用物品，避免物品过早成为垃圾。不同于工业社会中的一次性产品，循环经济强调在保证产品和服务质量达标的前提下，尽可能长久地使用产品和服务。recycle 对应的是再循环原则，其有狭义和广义之分，其中狭义的再循环原则是指在输出端通过把废弃物再次变成资源以减少最终处理量，也就是通常所说的废弃物的回收利用和废弃物的综合利用。而广义的再循环原则是指在材料选取、产品设计、工艺流程、产品使用至废弃物处理的全过程，实行清洁生产，最大限度地减少废弃物的排放，并追求排放的无害化和资源化，实现再循环。

其次，考察"5R"原则。由上述分析可知，"3R"原则更多的是从生产过程中资源的节约与利用视角思考如何发展循环经济，然而，完整的经济过程包括生产、分配和消费，因此，循环经济也应从不同的角度去认识推进。随着研究的不断深入，学者又补充了"再思考""再修复""再组织""再制造""无害化""再资源化"等原则。吴季松（2005b）在传统"3R"原则的基础上加入了再思考和再修复，提出了基于"5R"原则的新循环经济学理论。reduce 原则除了原有的改变旧生产方式、最大限度地提高资源的利用效率，减少工程和企业土地、能源、水和材料投入的概念外，还延展到减少人非理性需求的层面上。在提高人类生活水准的同时，合理减少物质需求，追求最大限度的减量化，将传统经济学中满足人们"大量生产、大量消费"的欲望转变为满足民众的理性需求。reuse 原则除了原有的尽量延长产品寿命、做到一物多用、尽可能利用可再生资源、减少废弃物排放的概念外，还延伸到企业和工程充分利用可再生资源的层面。新循环经济学理论提出建立优化配置的新资源观：可再生资源的循环利用是最根本、最大化和最有效的再利用，要把依靠短缺和不可再生资源的传统产业发展成依赖可再生资源与其他产业废弃物的新型产业。recycle 原则除了原有的企业生产废弃物利用，形成资源的循环利用外，还延伸到产业内部和产业间的资源循环体系建设，使经济体系由生产粗放的开环变为集约的闭环，形成循环经济的技术体系与产业体系。新循环经济学理论提出了基于生态工业循环的新的产业观：所有的废弃物只是在错误的时间以错误的数量被放在错误位置的资源。再思考原则指的是要改变旧的经济理论。新循环经济学理论的创新之处在于建立新的价值观：即存在两种财富和三个循环。社会生产的目的除了创造社会新财富之外，还要修复和维系被破坏的生态系统这一社会财富。传统经济学的价值观只关注资本循环、劳动力循环，忽视了自然资源的循环。新循环经济学中的再思考原则是对传统经济学的重新思考和扬弃。在新循环经济学理论中，生产的目的不仅是要创造新的社会财富，还强调保护被破坏的最重要的社会财富，且要维系生态系统，即再修复原则。自然生态系统是社会财富的基础，是相对于社会财富的第二财富。要建立修复生态环境的新发展观：不断地修复被人类活动破坏的生态系统，实现人与自然和谐相处也是创造财富。

最后，"11R"原则是国际社会提出的一个新兴的概念，是在"5R"原则基础上增加了（remix，refine，return，reform，restore，rebuilt）元素，旨在对经济过程实现再整合、再提炼、再返还、再形成、再归还和再重建。随着研究的不断深入，"11R"原则的具体内容和运用还将进一步拓展与延伸。

4. 发展模式

目前，国内外学者主要是从小循环、中循环和大循环三方面来研究循环经济的发展模式。首先，小循环指的是企业层面的循环。传统经济学延续线性经济模式思路，企业将自然生态系统视为取之不尽、用之不竭的资源宝库。循环经济提倡企业生产应该模仿生态系统中食物链的原则，通过企业内资源和废弃物的优化配置，形成良性的闭环循环。循环型企业通过企业内交换物流和能源，构建生态产业链，以企业内部资源利用最大化、环境污染最小化的经营模式来获得效益。此类研究集中于通过清洁生产（cleaner production）、零排放（zero emission）、生命周期分析（life cycle assessment，LCA）等方法来实现企业内部过程的资源利用效率最优化和废弃物排放最小化。其次，中循环是指产业链层面的循环。这一层面是当前循环经济研究的主要方面，研究主要体现为生态工业园的实践。通过模拟生态系统来设计工业园区，将一个企业的副产品或者废弃物作为另一个企业的投入品或原材料，实现物质闭路循环和能量多级利用。刘志坚（2007）认为循环经济的中观层面是指企业之间的资源循环利用与耦合，即通过产业集群方式获得更大的环境效益、经济效益和社会效益。通过"资源深度利用驱动、生态驱动、利益驱动"来推动企业链在空间上的合理布局，以实现产品链的完善。最后，大循环指的是宏观层面的循环即创建循环型社会。这是循环经济发展的最高阶段。在这一阶段，单个企业实现资源配置循环，避免废弃物排放；工业园区内企业间实现资源的循环利用；全社会构建了生产、消费、再循环的大循环模式。大循环模式的最终目标是实现社会、经济、环境的可持续发展。

（二）低碳经济相关概念

1. 低碳经济的由来

在工业化进程中，人类向环境过度索取，以化石燃料为主的高碳经济造成全球气候恶化，对自然环境、生态系统也造成了不可逆转的破坏，对经济社会活动产生了不利的影响。为了实现经济增长和环境保护的双赢，作为第一次工业革命的先行者,英国率先开始推动全球低碳经济发展。2003年，英国发布了《我们未来的能源——创建低碳经济》能源白皮书，首次提出了"低碳经济"的概念，并提出了英国削减二氧化碳的额度和时限。之后，受英国政府的委托，斯特恩发表了题为《从经济学角度看气候变化》的研究报告。该报告指出，气候变化是不争的事实，如果全球温度升高

2℃～3℃，就将会造成全球 GDP（gross domestic product）比重下降 5%～10%，经济落后的国家甚至会超过 10%。但如果立即采取行动，在 2050 年前把温室气体浓度控制在一定量上，那么，年减排成本将会占到全球 GDP 的 1%。为进一步证实人类活动与气候变化间的关系及发展低碳经济的必要性，联合国政府间气候变化专门委员会（Intergovernmental Panel on Climate Change，IPCC）于 1990 年、1995 年、2001 年、2007 年和 2014 年先后五次发布由各国科学家参与完成的评估报告，为国际社会认识和了解气候变化问题提供了重要的科学依据。其中，IPCC 于 2007 年和 2014 年发布的第四、第五次评估报告指出，人类活动与全球变暖之间存在因果关系，21 世纪末期及以后时期的全球地表温度的上升主要取决于累积二氧化碳排放量的增加，而发展低碳经济是控制二氧化碳排放的重要路径。

2. 内涵及特征

英国发布的《我们未来的能源——创建低碳经济》能源白皮书虽提出了低碳经济的概念，却未对其做出明确的定义。低碳经济引入我国后，国内学者从不同视角对其概念展开了大量研究和深入解读。国内较早研究低碳经济的学者指出，低碳经济是指碳生产力和人文发展均达到一定水平的一种经济形态，旨在实现控制温室气体排放的全球共同愿景。鲍健强等（2008）、潘家华等（2007）等认为低碳经济是以低耗能、低排放、低污染为基础的经济模式，是人类社会继原始文明、农业文明、工业文明之后的又一重大进步。还有学者对低碳经济内涵界定得更宽泛，认为低碳经济是低碳发展、低碳产业、低碳技术、低碳生活等一类经济形态的总称。中国环境与发展国际合作委员会（China Council for International Cooperation on Environment and Development，CCICED）结合国内外低碳经济的研究现状，于 2008 年发布了《中国发展低碳经济的若干问题》的报告，对低碳经济的内涵给出了比较权威的解释。低碳经济是一种后工业化社会出现的经济形态，旨在将温室气体排放降低到一定的水平，以防止各国及其国民受到气候变暖的不利影响，并最终保障可持续的全球人居环境。

综上，通过分析国内外学者和研究机构有关低碳经济定义的共性发现其具备四个主要特征：一是低碳并不是目的，而只是手段，重要的是要保障人文发展目标的实现；二是对于人文发展施加了碳排放条件的约束，发展应该是可持续的；三是强调碳排放约束不能损害人文发展目标，其解决途径便是通过技术进步和节能等手段提高碳生产力；四是低碳经济不能成为发达国家遏制发展中国家经济发展的手段，发展中国家的低碳经济应当视为一种新型发展思路和经济增长模式。上述观点契合《联合国气候变化框架公约》中"共同但有区别的责任"的原则。

（三）废弃物贸易相关概念

1. 废弃物贸易的由来

20 世纪 80 年代以来，全球范围内废弃物贸易量日渐增多。最初的废弃物贸易是单向贸易，是发达国家为减轻自身环境压力，将废弃物以出口贸易的方式输出到发展中国家。但是，在出口过程中，由于废弃物的危险特性和缺乏行之有效的监管措施，废弃物转移引发了许多严重的环境污染事件，并对废弃物承载国国民的健康造成了极大危害。因此，为了加快推进废弃物相关管控工作，联合国环境规划署设立特别工作组，制定监督和管理废弃物跨境转移的相关公约，并于 1989 年公布了《控制危险废弃物越境转移及其处置的巴塞尔公约》（以下简称为《巴塞尔公约》）。《巴塞尔公约》旨在创建一个管控危险废弃物和其他废弃物等进出口贸易行为的国际机制。该公约的颁布使得废弃物贸易行为有了明确的国际标准。

2. 内涵及特征

《巴塞尔公约》对废弃物和废弃物贸易给出了权威的界定，其中废弃物是指根据本国法律处置、打算处置或需要处置的物质或物品。废弃物贸易是指以废弃物为对象的货物贸易，或者以贸易手段处理废弃物。国际贸易领域常常将废弃物贸易视为"负贸易"，并指出废弃物贸易具有以下三大特征：一是"无知型贸易"，即贸易双方对它们之间发生的环境影响不甚清楚或不知其影响会有多大；二是出口者向进口者隐瞒实情的"欺骗型贸易"；三是"理想交易型贸易"，即环境影响的转移是符合双方意愿的交易。

废弃物贸易常常被认为是发达国家向发展中国家转移污染的贸易方式，因此，经常引发国家间的环境纠纷，有的甚至演变成严重的国际问题。刘修岩和陆旸（2012）的研究认为，发达国家单向地向发展中国家转移废弃物的"南北贸易"使发展中国家沦为发达国家的"污染储藏地"。废弃物贸易的结果是发达国家转移了污染、远离了污染，但并未彻底解决污染。环境问题是一个全球性问题，一个国家可以暂时远离污染，但最终仍然无法摆脱全球环境恶化对本国的影响。然而，随着循环经济理论的发展和再生资源问题越来越受到重视，人们从另一视角重新认识废弃物贸易。人们对废弃物贸易的认识也已不再局限于"负贸易"这一概念，而是以一种全新的角度进行审视，将可回收的废弃物资源视为全球资源并力求实现资源循环共享。

（四）绿色消费相关概念

1. 绿色消费的由来

随着工业革命、科技革命发展及城市化的快速推进，人们的消费模式也发生着巨大的变化，主要体现在人们开始大量消费并追求方便的消费行为等方面。这一消费模式虽然可以满足人类的物质需求，但也逐渐暴露出一些问题，如资源的过度开采与消耗、环境污染严重等。这一系列问题严重破坏了人们赖以生存的环境，同时使人们开始真正意识到工业时代消费模式的弊端。基于此背景，Elkington 和 Hailes（1988）在《绿色消费者指南》一书中首次提出了"绿色消费"的概念。1992 年，联合国召开环境与发展会议，并发表了《21 世纪议程》。该议程指出，不合理的生产模式引发了严重的环境污染，加剧了全球贫困，并导致了各国之间发展的不平衡。若想合理的发展，必须以生产效率的提高、消费模式的改变、资源利用率的提高及废弃物排放最小化为前提。与此同时，在深刻反思不合理消费模式的基础上，绿色消费与未来可持续发展相适应的消费方式也逐渐受到关注，世界各国开始探索推进实现可持续发展的绿色消费模式。

2. 内涵及特征

绿色消费概念提出以来，无论是其内涵还是其外延都在不断丰富和拓展。其中，《绿色消费者指南》一书将绿色消费具体定义为避免使用下列商品的消费模式：一是危害到消费者及他人健康的相关商品；二是在生产、使用或丢弃时，引起资源大量消耗的相关商品；三是过度包装，导致不必要消费的相关商品；四是使用稀有资源的相关商品；五是含有对动物残酷或不必要的剥夺而生产的商品；六是对其他国家尤其是发展中国家有不利影响的相关商品。在此基础上，司林胜（2002）指出绿色消费包括经济消费、清洁消费、安全消费、可持续消费等四个方面，具体表现为：人类消费最少地使用资源与能源（经济消费）；消费所造成的废弃物及污染物最少（清洁消费）；消费结果不会危及消费者及他人健康（安全消费）；消费顾及未来发展，不占用人类后代的需求（可持续消费）。

随着研究的深入和细化，绿色消费概念的内涵不断丰富和拓展。有研究指出，绿色消费的本质是从人的需要和发展出发、从社会发展的要求出发、从环境保护的要求出发，用辩证的哲学观重构人类的消费观念和行为，力求实现人、社会和环境的和谐发展（刘战伟，2009）；也有研究认为绿色消费主要是指在社会消费中，不仅要满足我们这一代人的消费需求，还要满足子孙后代的消费需求（潘家耕，2003）。可见，上述研究主要是从节能环保、实现经济社会可持续发展的角度认识和理解绿色消费的内涵与特征的。

综上，尽管学者对绿色消费的内涵和特征有不同的认识，但是无论如何解读，总体来看，绿色消费注重的是转变经济发展方式、推动人与自然和谐共处，在满足人类生存和健康需求的同时，实现经济社会的可持续发展。

二、相关理论

随着人们对资源和环境问题认识的深入与细化，目前国内外学者从循环经济、低碳经济、废弃物贸易和绿色消费等视角探讨环境保护问题已形成了丰富的理论。这些理论既包括循环经济的经济学基础及其生态学、社会学的外延，又包括足迹理论、库兹涅茨曲线理论、脱钩理论、"城市矿山"理论等低碳经济理论，还包括环境成本转移理论、生态倾销理论等废弃物贸易理论，以及计划行为理论等绿色消费理论。这些研究成果为研究环境保护问题提供了坚实的理论支撑。

（一）循环经济的相关理论

目前，循环经济仍是与多学科、理论相互交织的边缘学科，暂未形成较为全面的、完整的、独立的理论体系。循环经济首先属于经济学范畴，为了扬弃片面追求线性经济增长的传统经济学，实现经济效益、生态效益和社会效益的统一，又加入了生态学、社会学的理论，最终形成循环经济的理论基础。

1. 循环经济的经济学理论

传统经济学理论无疑是循环经济最坚实的理论基础，其逻辑起点始于资源的稀缺性和人类欲望的无限性。在此基础上，经济学试图解决"生产什么、如何生产、为谁生产"的问题，并且认为市场像"一只看不见的手"可以有效率地配置资源，实现各方利益的最大化。于是，"稀缺性"和"效率"就成了传统经济学理论的两大主题。循环经济学重新定义了这两大主题。关于"稀缺性"，传统经济学重点研究资本和劳动资源的投入与循环，认为资本与劳动力的稀缺是稀缺的根本原因，忽视了自然资源和知识（技术）在经济运行中的重要性。马尔萨斯最早提出资源绝对稀缺论，初步认识到资源的稀缺性。随后出现的生态经济学重构了经济系统与生态系统的关系，并深化了这一认识。因此，循环经济学批判传统经济学将自然资源的稀缺性导致的成本视为区别于传统成本概念的生态环境成本。这一成本概念的提出甚至重构了传统国民经济活动的核算方式，产生了绿色 GDP

这一新型核算方式。关于"效率",循环经济学将效率的含义拓展到了生态效率,即追求在提高自然资源的利用效率和减少环境污染的基础上实现国民经济的持续增长。

除了上述两大主题之外,循环经济学还突破了传统经济学中的两个分析框架。第一,循环经济突破了"理性经济人"的假设。主流经济学中的理性经济人是指追求利益最大化的人,但是循环经济学则要求参与经济活动的人要考虑自然资源的耗费及环境污染问题,保证社会的可持续发展和子孙后代的利益。第二,循环经济突破了"效用最大化"理论。该理论强调在资源约束的条件下,通过资源的有效配置寻求实现经济效用最大化的途径,而该经济效用主要指收益和利润等经济内容。循环经济学则主张生产活动的投入以资源消耗和环境破坏最小化为前提,实现产出的最大化,该产出包括经济的和非经济的内容。最终,循环经济将厂商与消费者利益最大化原则视为人类生存和发展的利益最大化。

传统经济学认为市场像"一只看不见的手"可以自发地配置资源,实现各方利益的最大化。市场不能解决的问题被称为市场失灵,主要包括信息不对称、公共物品、外部性和垄断。其中,按照曼昆在《经济学原理》一书中对公共物品的定义为:公共物品是相对于私人物品而言,既没有排他性又没有竞争性的物品。这类物品具有非排他性特征,即任何人都不能因为自己的消费而阻止其他消费者对于这种公共产品的消费。许多自然资源如河流、海洋、空气、公共土地等环境物品都符合公共物品的定义和特性。关于公共物品的分类,基于曼昆、布坎南、奥斯特罗姆等对公共物品的分析,可将公共物品分为纯公共物品、俱乐部物品(又称自然垄断物品)、公共池塘资源(又称共有资源),其中后两种也被称为狭义的公共物品或准公共物品。不同于纯公共物品,准公共物品一般具有"拥挤点"特性。当消费者的数目增加到某一个值后,就会出现边际成本为正的情况,甚至当达到容量的最大限制时,增加额外消费者的边际成本趋于无穷大。这时候准公共物品到达"拥挤点",每增加一个消费者,将减少其他原有消费者的效用。这种"拥挤点"特性会使公共物品转化为公共资源,公共资源的无排他性又反过来增加了消费的竞争性,进而酿成"公地的悲剧",引发环境和自然资源的"过度使用"与"搭便车"现象。因此,完全由市场配置资源将无法实现自然资源的最优配置和生态环境的有效保护,市场机制决定的公共物品供给量远远小于帕累托最优状态,而循环经济把经济活动组织成一个闭环反馈式流程,发挥政府、市场、第三部门等各个循环经济主体的能动性,以实现资源的最优配置和生态环境的有效保护。

外部性是市场失灵的又一重要内容。按照曼昆在《经济学原理》中对外部性的定义：外部性是指一个经济主体的行为对其他经济主体福利产生的影响。当受影响者因为这种影响既没有得到报酬又不需要支付报酬时就产生了外部性。外部性理论是循环经济的理论基础之一。循环经济研究人与自然环境的关系，把环境与经济作为一个整体来研究，追求一种全面的、可持续的发展，要求企业采取预防性的措施应对可能造成的污染，而不是先污染后治理。目前部分发达国家采用的是提高资源类能源的价格的方式，如对排污权征税、完善生产者责任延伸和污染者付费等措施来协调处理经济发展过程中出现的外部性问题，这也正是庇古税和科斯定理两大手段在循环经济领域的应用。

2. 循环经济的生态学理论

循环经济理论可视为经济学范式的革命，其创新性体现在借鉴了许多其他自然科学及社会科学的原理、概念和方法论方面。在众多学科中，生态学和社会学对循环经济理论的发展起到了重要作用。循环经济的本质是一种生态经济，是经济生态化的表现形式。生态学中的许多原理对循环经济的发展发挥了积极的作用，其中共生关系理论、食物链理论、生态阈限理论均直接影响着循环经济理论的发展。

"食物链"和"食物网"建立了互相依赖、互相依存的共居关系，这种关系需要共同维持一种稳定、有利的环境。从本质上讲，自然、环境、资源、人口、经济与社会等要素之间普遍存在着共生关系，从而构成了人与自然相互依存、共生的复合体系：社会-经济-自然复合生态系统。人类作为这一系统中的成员，必须控制自身活动对其他要素的影响，以可持续的发展模式维持人与自然的和谐共生。循环型的企业、生态园区、产业链及静脉产业都体现了这种共生关系，同时借鉴了生态学中的食物链理论。食物链是指生态系统中各种生物为维持其本身的生命活动，必须以其他生物为食物的这种由生物联结起来的链锁关系。生态系统中的食物链相互交织，彼此交织成食物网。工业体系内部物质的闭环循环，建立工业体系中不同工业流程和不同行业之间的横向共生与资源共享，为每一个生产企业的废弃物找到下游的"分解者"，建立工业生态系统的"食物链"和"食物网"，通过最大限度地打通内部物质的循环路径，建立企业或行业共生体内部物质循环的链条，实现资源节约、经济效益和环境保护的"三赢"。生态阈限理论证明了发展循环经济和低碳经济的必要性。生态系统虽然具有自我调节能力，但只能在一定范围内、一定条件下起作用，一旦干扰过大，超出了生态系统本身的调节能力，生态平衡就会遭到不可逆的破坏，这个临界限度被称为生态阈限。在生态阈限范围内，生态系统能承受一定程度的外界干扰和影响，并可以通过自我调节恢复到稳定状态。当外界干扰超过生态阈限，生态系统不能通过自我调节恢复到原初状态，则称为生态失调。生态阈限理论要求在社会-经济-自然的复合生态系统中，生产生活要严格注意生态阈限，使具有再生能力的生物资源得到更好的保护和利用。

3. 循环经济的社会学理论

社会学作为循环经济的理论基础之一，论述了发展循环经济的必要性。人类社会由诸多要素组成，自然环境无疑是其中重要的组成要素。从社会学角度看，当今自然环境出现的问题不仅反映出人与自然关系的失调，而且越来越反映出人与人之间社会关系的失调。在某种意义上说，人与人之间社会关系的失调已经成为环境问题日益加剧的重要原因。环境社会学认为，人类应对环境威胁最合理的模式应是合理利用型模式，该模式同时合理利用了环境资源和社会资源。循环经济的基本思想与这一模式相一致。此外，环境社会学还提出了环境公平的概念，即指在环境资源的使用和保护上，所有主体一律平等，享有同等的权利，履行同等的义务。环境社会学认为环境公平不仅包括代内公平（区域和群体公平），还包括代际公平，这种代际公平的理念迎合了经济社会可持续发展的思想，也是循环经济、低碳经济要实现的目标之一。社会发展与经济发展密不可分，经济社会学用社会学的理论与方法探讨经济发展与社会现象之间的关系。经济社会学认为经济发展不同于简单的经济增长，还涉及资源获取、利用与处理、环境保护等问题。发达国家"先污染后治理"的模式无法实现经济发展和社会发展的统一，发展中国家继续走发达国家的老路是走不通的。循环经济学这种新的发展范式是实现可持续发展和推动经济、社会和环境协调统一的重要路径。因此，经济社会学试图对循环经济相关政策的制定和经济发展引起的社会后果进行研究，以期为循环经济理论与政策的完善提供依据。

（二）低碳经济的相关理论

随着对低碳经济内涵认识的深入，低碳发展、低碳技术、低碳城市、低碳能源等一系列概念应运而生。学者从不同角度对低碳经济进行研究，涌现出了诸如低碳政治经济学、低碳贸易、低碳能源、碳交易等新的研究方向。目前，较为成熟的理论主要有足迹理论、库兹涅茨曲线理论、脱钩理论、"城市矿山"理论等。

1. 低碳经济与足迹理论

在探究经济社会可持续发展的过程中，包括经济学家在内的诸多领域的学者不断开拓前行。1992 年，联合国环境与发展大会召开之后，各国学者开始致力于可持续发展的量化研究，先后提出了一系列富有价值的评价方法与指标体系，生态足迹分析方法就是最重要的一种。Rees 和 Wackernagel（1996）较早提出生态足迹模型并加以推广。20 世纪 90 年代后，生态足迹概念在获得非政府组织（Non-Governmental Organizations，NGO）的关注认可后被大力推广开来，其得到了政府部门、地方管理机构、组织和社区的高度关注。此后，Rees 和 Wackernagel 持续致力于生态足迹的相关研究，进一步拓展完善生态足迹的计算原理和方法，使其能够广泛应用于不同空间尺度的定量评价体系。2000 年，国内学者徐中民等（2000）将生态足迹理论引入中国，将其与中国经济发展和环境生态现状相结合，为生态足迹理论在中国的应用奠定了基础。此后，国内有关生态足迹的研究不断增多，学者一直在探究衡量国家可持续发展的指标，以期为制定未来发展政策提供基本依据。

当前，足迹理论已成为生态经济学和可持续发展领域的研究热点与前沿课题。生态足迹是指在现有技术和资源管理水平下，人类活动对生物圈需求的度量，旨在定量测度特定人口的资源消费需求。实际上，生态足迹的概念源于对人类承载力定义的倒置，基本思路是将某一区域的消费资源和排放废弃物造成的环境影响量化为这些活动所需要占用的统一的生物生产性土地面积，并通过计算区域生态足迹（生态足迹需求）与生态承载力（生态足迹供给）之间的差值得出生态赤字或生态盈余，以准确地反映出不同区域对于全球生态环境现状的贡献和人类发展对可持续标准的偏离程度。随着生态足迹理论研究的不断深入，碳足迹、水足迹、氮足迹、化学足迹、能源足迹、生物多样性足迹等一系列新的足迹概念应运而生，足迹理论由此不断丰富发展。其中，碳足迹是在全球变暖背景下二氧化碳与其他温室气体的碳含量转换，是人类活动过程中直接和间接的温室气体排放量。碳足迹可以通过生命周期评价（life cycle assessment，LCA）、智能管理信息化系统（intelligent office automation，IOA）、混合方法等进行核算。作为温室气体排放量的重要衡量指标，碳足迹可以用于评估不同单位的温室气体排放水平和不同区域的低碳经济实施效果，并对其进行比较分析。能源足迹是指消纳化石燃料消费和电力生产所排放的二氧化碳所需要占用的林地面积。

综上所述，足迹家族是由若干足迹类型组合而成的指标系统，同生态足迹一样，也可以用于评估资源消费和废弃物排放等人类活动对环境的影响。目前生态足迹研究热点已由单一足迹模型改进逐渐向多重足迹方法融合过渡，其实证分析被广泛应用于国际贸易、旅游管理、城市交通等领域的可持续性评价研究。

2. 低碳经济与环境库兹涅茨曲线理论

20 世纪 50 年代，Kuznets（1955）首次提出，随着经济发展，收入分配呈现出先趋于不平等然后趋于平等的趋势。这种收入分配与经济发展之间存在倒 U 形关系的理论被称为库兹涅茨经济假说。Grossman 和 Alan（1991）为研究北美自由贸易协定（North American Free Trade Agreement，NAFTA）的潜在影响，在对环境质量与人均收入之间的关系展开实证研究后发现，环境污染程度与人均国民经济收入之间同样存在倒 U 形关系。有学者受 Kuznets 提出的收入分配与经济发展之间的倒 U 形关系理论的启发，将环境质量与人均收入之间的倒 U 形关系称为环境的库兹涅茨曲线。该假说认为，环境污染会随着人均收入的增长呈现出先上升后下降的趋势。实证分析的图形显示人均收入与环境污染程度之间存在倒 U 形关系，曲线的峰值点被称为拐点。

库兹涅茨曲线及相关的环境经济理论问世后，诸多学者围绕库兹涅茨曲线开展了大量的研究。衡量环境污染程度的指标由此前 Grossman 和 Alan 研究中的二氧化硫、悬浮物扩展到二氧化氮、二氧化碳等，并进一步由空气污染物延伸到工业废水、固体废弃物排放等其他污染范围。由于一些研究在环境指标、地理位置、经济发展程度和计量经济学研究方法上存在差别，库兹涅茨理论的研究成果也各有差异。

近年来，有关库兹涅茨曲线的研究内容不断扩展，生态足迹、贸易开放度等概念被相继引入。随着研究的深入，经济现实的复杂性和动态化不断打破库兹涅茨曲线的演变路径，随之出现的新问题使得环境-收入关系偏离库兹涅茨曲线轨道，呈现出多样性的变化。于是，经济学家开始逐渐意识到环境污染与经济增长之间的关系并非唯一确定的，在实践中环境质量会受到多重因素的影响，单纯依靠经济发展水平解决环境问题很可能会"误入歧途"。尽管在相关研究上存在一定差异，但库兹涅茨曲线却揭示了人类经济发展从高碳经济向低碳经济转变的重要趋势。库兹涅茨曲线就像一座环境高山，包含上坡、顶峰和下坡。我们需要通过相关的制度创新、技术创新、产业创新缩短上坡的里程，控制峰值不超过人类可持续生存的生态阈值，并尽快"穿越山峰"，走向良性的下坡路。

3. 低碳经济与脱钩理论

20 世纪 60 年代，脱钩的概念开始萌芽，经过多年的丰富和发展，20世纪末经济合作与发展组织将之运用于循环经济、环境经济、农业政策等领域的分析研究之中。2002 年，经济合作与发展组织用"脱钩"这一术语表示经济增长与资源消耗或环境污染之间关系的阻断，即二者实现脱钩发展。经济合作与发展组织从政策效应、产业结构、能源结构三个主要影响因素方面来分析短期内碳排放与经济增长之间出现脱钩的原因，并将末期的污染排放与 GDP 之比除以基期的污染排放与 GDP 之比设置为"脱钩指数"。

依据单位 GDP 环境压力降低是否会引起环境压力总量的下降可将脱钩分为以下两种类型：相对脱钩和绝对脱钩。前者是指在经济发展时，对资源的利用及对环境的压力以一种相对较低的比率增长，即随着经济的快速发展，资源消耗和环境压力增加的相对较少，主要是由于经济发展和资源利用或者环境压力之间的距离变得越来越大，这就是所谓的相对脱钩。绝对脱钩是指在经济发展的过程中尽管资源利用的总量变得越来越大，但资源利用和环境压力的增长率在减小。

实际上，脱钩理论与库兹涅茨理论具有内在联系，根据库兹涅茨理论，经济的增长一般会带来环境压力和资源消耗增大的问题。然而，当政策效应、技术效应、规模效应、结构效应发挥作用时，可能会以较小的环境压力和资源消耗换来同样甚至更加快速的经济增长，在脱钩过程中，从相对脱钩向绝对脱钩转化的点就是环境倒 U 形曲线的顶点。脱钩理论阐释了通过提高全要素生产率，实现用较少的能源、资源消耗和较少的温室气体排放，换取较好的经济社会发展。

4. 低碳经济与"城市矿山"理论

1988 年，以南条道夫为代表的学者首次提出了"城市矿山"的概念。"城市矿山"是指蓄积在废旧电子电器、机电设备等产品和废料中的可回收金属。从金属资源回收循环利用出发，把城市比喻成一座储有丰富矿产资源的矿山加以开发，为经济社会可持续发展指出了一条新路，而且"城市矿山"要比天然形成的真正矿山更具开发价值，最典型的例子就是日本。日本是一个典型的资源能源严重匮乏的国家，但是，日本《金属时评》按照"城市矿山"理念进行测算后发现：与其他国家相比，日本在电子产品中黄金储量为 0.68 万吨，约占全球天然矿山储量的 16%，储量排名第一；

银储量为 6.00 万吨，约占全球天然矿山储量的 23%，储量排名第一；铟储量为 0.17 万吨，约占全球天然矿山储量的 38%，储量排名第一；铅储量为 560.00 万吨，储量排名第一。另外，锂、钯的储量分别为 15.00 万吨、0.25 万吨，储量排名为第六位和第三位。从 1 吨废旧手机中约可提炼出 0.40 千克黄金、2.30 千克银、0.17 千克铜；从 1 吨废旧个人电脑中约可提炼出 0.30 克黄金、1.00 千克银、0.15 克铜和 2.00 千克稀有金属等。近年来，在"城市矿山"理论的指导下，日本储备了大量的有价值资源，已成为世界上最大的金属储量国之一。"城市矿山"理论类似于循环经济中"没有绝对的垃圾，只有被错置的资源"的概念，也与"静脉产业"理论相契合。日本的循环经济理论将产业部门划分为动脉产业和静脉产业。静脉产业一词最早出现于日本，日本学者提出，在循环经济体系中，根据物质流向的不同，可以分为不同的过程，即从原料开采到生产、流通、消费过程和从生产或消费后的废弃物排放到废弃物的收集运输、分解分类、资源化或最终废弃处理过程。仿照生物体内血液循环的概念，前者可以称为动脉过程，后者可以称为静脉过程。相应的，承担动脉过程的产业称为动脉产业，承担静脉过程的产业称为静脉产业。目前静脉产业经济已成为日本建设循环型社会的重点，且是 21 世纪最有发展前途的产业之一。

"城市矿山"理论证明了发展低碳经济和循环经济的可行性，通过采用新的经济发展模式，树立新的经济发展观念，开发现有城市的"剩余资源"以实现资源节约和可持续发展的目标。也有学者指出，由于城市的规模、功能定位、成长历史、产业构成、消费水平，尤其是现代化程度及居住人群结构等差别很大，不是每座城市都可以视为"城市矿山"，即使在可以作为"城市矿山"的城市中，开发的价值也是千差万别的（刘兴利，2009）。"城市矿山"的开发价值，主要取决于可回收利用的各种金属储量的多少，既要看当前的"存量"，还要预测未来的"增量"，以及"增量"的增长速度等。

（三）废弃物贸易的相关理论

发展中国家承接发达国家的废弃物，虽可获得一定的收益，但随着发展中国家发展程度的提升，环境因素逐渐成为其关注的重点，进口废弃物的环境成本，尤其是危险废弃物的环境成本将难以通过收益来弥补。Ekins 等（1994）提出了"环境成本转移理论"，该理论认为承接废弃物是一种废弃物贸易。而这主要是不同国家的环境管制标准不同所致。发达国家通过将废弃物出口到发展中国家，以达到其降低废弃物处理成本的目的。同时，发展中国家又从发达国家进口污染密集型产品，或者是利用废弃物再造的产品，自然而然就将环境成本转移到发展中国家。因此，发展中国家必须正确认识废弃物贸易，在解决当前问题及满足当前需求的同时，还应从长远考虑，尽量以较低的成本创造出更大的价值，提高国内生态效率，从而实现经济社会的可持续发展。

（四）绿色消费的相关理论

绿色消费（green consume）是一种新型的消费模式，围绕这一模式的理论还处于不断探索和丰富之中。目前较为成熟的理论主要是 Ajzen（1991）提出的计划行为理论。该理论认为人的行为并非完全出于自愿，而是处于控制和计划下的。绿色消费行为就是基于计划行为理论的实践，是将自利性和显著利他性都包含在内的人类行为过程，并试图构建对消费者绿色消费产生作用的机制。消费者本身的绿色消费态度、绿色消费主观规范和绿色消费知觉控制相互耦合，并对绿色消费意向产生影响，从而对绿色消费者产生影响的绿色消费行为。消费者的绿色消费行为主要包括如下内容：绿色消费态度是消费者对绿色消费行为的喜好程度；绿色消费主观规范是社会压力对绿色消费者在进行绿色消费时所产生的影响，即绿色消费行为受社会团体或个人的影响程度；绿色消费知觉控制是指在绿色消费过程中，绿色消费者所感受到的难易程度，是消费者对绿色消费所产生的知觉的好坏程度；绿色消费意向是指消费者在绿色消费过程中的倾向；绿色消费行为是指在绿色消费过程中消费者的具体行为（图 1-1）。

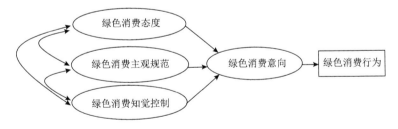

图 1-1 消费者绿色消费行为构成

由上述梳理总结可知，国内外学者围绕循环经济、低碳经济、废弃物贸易和绿色消费理论展开了大量、深入的研究。首先，从资源稀缺性和人类欲望无限性视角的传统经济学理论奠定了循环经济研究的理论基础。随后，在提高资源利用效率和减少环境污染基础上实现 GDP 绿色可持续增长的新兴循环经济理论将环境与经济合二为一，使循环经济的理论更加科学合理。生态学和社会学视角对循环经济的认识与补充使循环经济理论更加完善。其次，为低碳经济实践提供度量尺度的足迹理论、阐明低碳经济发展趋势的库兹涅茨理论、证明发展低碳经济可能性的脱钩理论及为低碳经济发展寻求矿物资源指出新路径的"城市矿山"理论构成了现今低碳经济研究的理论体系。再次，环境成本转移理论初步形成了废弃物贸易的理论基础。最后，绿色消费理论目前由于还处于起步阶段，计划行为理论拉开了绿色消费理论研究的序幕。上述理论为本书的研究提供了坚实的理论支撑和良好的借鉴。

第三节　国内外研究现状及评述

一、围绕日本循环经济的相关研究

日本将循环经济称为循环型社会。目前，国内外学者有从法律、制度、战略的宏观层面和中观层面对日本循环型社会构建展开研究的，也有从容器包装、家电、建筑物、食品和汽车再生利用的微观层面研究日本循环型社会实践的。

（一）日本循环型社会构建的研究

日本是世界上最早明确提出循环经济理论的国家之一，也是运用和推广循环经济较成功的国家。近年来，国内外学者围绕日本循环经济展开了深入细致的研究，并产生了丰硕的研究成果。在日本学者中，日本京都大学的植田和弘和埼玉大学的吉野敏行较早涉猎循环经济研究，研究成果也最具有代表性。植田和弘（1992）提出的"回收再利用的社会"，也就是我们今天所研究的循环型社会的原型；而吉野敏行（1996）主要研究了循环型社会的资源再生利用问题。此外，吉田文和（2001）、势一智子（2011）、田中胜（2002）、佐藤研一（2018）等围绕循环经济制度、战略、行业方面展开了丰富的研究。同时，国内学者也从多个视角对日本循环经济展开了研究。魏全平和童适平（2006）从经济、技术、制度及行政管理等方面全方位地介绍了日本构建循环型社会的法律环境、制度框架、整体思路与经验教训，并且其研究还涉及能源、资源、企业、教育等与循环经济发展相关的多个视角。刘昌黎（2009）在介绍分析日本循环型社会的基础上，进一步明确了日本在容器包装、家用电器、汽车、建筑业与食品业等方面再循环所取得的成果、存在的问题及其今后面临的挑战。刘昌黎认为围绕环境立国战略，日本通过政府主导、民众积极参与、培养相关人才、建设地域循环圈等一系列切实有效的举措推进其循环型社会的建设。

相较于前述循环经济宏观整体层面的研究，也有学者将对日本循环经济的研究聚焦于日本经济发展的某个行业。例如，赵立祥（2007）对日本汽车产业的可持续发展情况进行了详细考察，指出日本汽车生产厂商在汽车从生产到报废的全过程都采用了严格的材料管理，这使得汽车行业成为日本发展循环经济的良好切入点。张婉茹等（2008）则将循环经济研究重点转向日本钢铁产业，指出新日本制铁公司在参与建设日本循环经济社会时采用了环境风险管理、环境灾害管理、环境会计等主要措施，这些经验值得中国企业借鉴。

（二）日本循环经济实践的研究

1. 容器包装再生利用的相关研究

目前有关容器包装再生利用的研究还不多见，现有的研究主要集中在日本的政府立法和德国的双轨制度两方面。在日本，容器包装废弃物占到一般废弃物总量的 60%，质量的 20%～30%。《容器与包装物再生利用法》颁布以前，对于玻璃瓶等包装物主要实行逆向有偿化的再生利用。赵立祥等（2005）介绍了日本于 1995 年制定的《容器与包装物再生利用法》，作为扩大生产者责任理念的尝试，该法首次要求特定企业承担再商品化的义务，明确规定了各级行政单位制订并实施分类回收计划。於素兰和孙育红（2016）在比较德国、日本绿色消费实践时指出：不同于日本，德国依托企业、工业组织和其他团体共同出资建立了德国双轨制度（Duales System Deutscland, DSD），该制度由从事包装废弃物回收的专项处理的绿点公司统一运作。它一方面通过向生产企业收缴绿点费来经营回收工作；另一方面为消费者提供垃圾收集箱，然后由相关机构进行分类和再生产。

近年来，对日本容器包装再生利用的研究重点已从法律基础、循环体系等宏观方面拓展到相关技术、材料管理等微观层面。例如，李沛生（2012）以一次性发泡塑料餐盒、塑料袋等的主要原料聚苯乙烯塑料为例，介绍了日本制造企业生产原料方面的一些轻量化措施。郑宁来（2012）认为日本容器包装再生利用的相关内容是随着日本经济发展和产业变化不断做出调整的。例如，随着茶饮料产业的迅速发展，其产量和产值迅速增加，为促进茶饮料包装再生利用效率的提高，PET 瓶[①]便成为日本茶饮料首选的和

---

① PET 瓶是指瓶里面含一种叫作 polyethylene terephthalate（聚对苯二甲酸乙二醇酯），或简称 PET 的塑料材质，是由对苯二甲酸和乙二醇化合后产生的聚合物。

最重要的包装容器之一。此外，日本包括洗衣剂、柔软剂、漂白剂、餐具洗涤剂、香波等在内的合成洗涤剂产品的包装也发生了很大变化。随着日本少子老龄化现象的加剧及人们生活方式的改变，这类合成洗涤剂类的包装容器开始兼顾对社会变革及环境适应的考虑。

2. 家电再生利用的相关研究

吉田文和（2004）的研究提到家电的再生利用是根据物质循环，对处于全生命周期末端家用电器的再循环，除了使废旧电器中的有色金属实现资源节约和有效利用外，还应包括对其他有用物质进行回收。目前，有关日本家电再生利用的研究主要集中于日本在 2001 年颁布的《家用电器再循环法》。杭正芳等（2012）指出《家用电器再循环法》颁布实施后，日本实现了家电产品从末端处理到环境预防的策略转变及全生命周期的管理，并且在废旧家电回收领域建立了完整的产业化运转模式。另外，也有学者如王胜今和李超（2008）将欧洲实施的两项关于废旧电器与电子设备指令与日本的立法进行了横向比较，指出欧洲有着更严格的生产者责任延伸制度和更全面的电器再生利用范围，并影响到了日本的部分制造商。日本废弃家用电器回收处理法律体系构建后，伴随着大量废弃家电的回收利用，其运行管理机制也日渐完善。向宁等（2015）研究指出日本废弃家电回收管理强调"谁消费，谁付费；谁销售，谁收集；谁制造，谁再商品化"的基本思路，在管理实践中，日本政府还积极构建以信息公开为核心的监督机制和以各责任主体为核心的激励机制。

日本的《家电再生利用法》颁布实施以来，家电回收再利用体系总体上运行平稳流畅并取得了显著成效。但随着实施时间的不断推进与现实情况的不断变化，该法所存在问题也开始凸显。朴玉（2012）指出日本《家电再生利用法》存在着对"再商品化"与"再商品化等"两个概念界定不清、消费者所支付的再商品化费用与生产者履行义务所需要的实际费用不匹配、家电废弃物的越境转移等问题。

3. 日本建筑物再生利用的相关研究

围绕日本建筑物再生利用的理念、法律、流程、政策等方面的研究也不断出现。首先，建筑物再生利用需要以环保理念为引领。谭抚等（1999）认为日本的环保理念先进。日本国土及资源相当匮乏，人口密度大，因此对资源的保护和再利用非常重视，政府规定对建筑施工过程中产生的垃圾实行"谁施工，谁负责"的原则，建筑垃圾必须进行有效处理。其次，谢曦（2012）介绍了日本政府颁布的关于建筑物再生利用的法律、制度和标准。日本政府从 20 世纪 60 年代末开始制定了一系列有关建筑物再生利用的法律法规及政策措施，主要包括：1970 年的《废弃物处理法》、1977年的《再生骨料和再生混凝土使用规范》、2000 年的《建筑废弃物再生利用法》等。蒲云辉和唐嘉陵（2012）首先介绍了日本对建筑副产品的定义和分类，其次从宏观法律手段和微观技术手段两方面分析了制约建筑垃圾资源化的因素，最后提出推动中国建筑垃圾资源化处理的对策。李俊等（2013）从中国废弃物处理企业等实际部门的视角出发，介绍了日本对建筑副产品的详细分类、建筑垃圾再资源化的相关法律法规和日本几家知名环境公司的再资源化方法与具体流程。王秋菲等（2015）分析了美国、日本两国在建筑废弃物产生、处理、回收利用的三个阶段所实施的政策，认为完善的政策支持是美日两国实现建筑废弃物循环利用的关键。李景茹等（2017）从政策工具的强制类、市场类、引导类和自愿类四种类型入手，对日本、德国和新加坡等国的建筑废弃物资源化的政策进行了分类，并分析了各国政策的异同，最后基于中国的国情，从强制类、市场类、引导类政策三个角度提出了适合中国国情的政策建议。

4. 日本食品再生利用的相关研究

日本关于食品再生利用的管理理念和技术在发达国家中处于领先水平。早期，日本学者对于食品再生利用的研究兼顾了理论与社会现实两个方面，并运用一定的实证分析方法加以分析。有学者的研究中将食品再生利用循环归类为有机物循环，指出有机物循环更多地面临着来自社会系统而非技术层面的挑战。此后，随着日本社会循环经济建设的进一步推进，食品废弃物再生利用研究与实践也得到了较快的发展。有学者的研究指出食品废弃物产生于食品生产、分配与消费的各个阶段，其广义范畴应包括食品工业废弃物与家庭食品废弃物，相较于食品工业废弃物的回收再利用，从家庭中回收食物废弃物更为困难。有学者运用计量模型评估了焚烧、生物汽化后焚烧、生物汽化后堆肥、堆肥四种食品废弃物处理方法对气候变化、土壤酸化、垃圾填埋土地消耗及有害气体排放等的潜在影响，结果表明生物气化对上述环境各方面的影响最小，而堆肥导致了温室气体的大量排放，但堆肥处理占用土地面积较小的特点使其能够补偿该方法所造成的温室气体排放大的弊端。

国内学者主要从立法、管理和技术方面对日本食品废弃物再生利用进行研究。王云飞和金宜英（2012）从法律的角度对日本食品废弃物再生利用的发展历程进行了梳理，阐释了日本食品废弃物处理模式经历了从简单分类处理模式、混合填埋处理模式到混合焚烧处理模式的转变。还有学者从食品废弃物管理的角度介绍了日本食品废弃物的再生利用。日本政府号召杜绝全社会严重的食品浪费现象，要求食品加工业、大型超市、宾馆饭店和各种餐馆要与农户签订合同，将不能食用的蔬菜坏叶和果皮等制成堆肥，同时要求他们把厨房垃圾也要制成堆肥。尤其是对于废弃食用油的管理，日本政府规定废油必须收集不能直接排到地沟。日本食品废弃物处理技术基本遵循着食品垃圾减量化、再资源化、再能源化处理的基本思路。宗禾（2004）指出日本中央研究所采用生物加工技术将废弃水产资源加工成为调料；将高粱余渣制成面包酵母；从牲畜血液中分离血浆蛋白以取代抗生素和用于生产治癌药物等。总体来看，目前日本的餐厨废弃物资源化处理已经法治化和企业化，且已发展为较为成熟的环保产业。

5. 日本汽车再生利用的相关研究

在资源匮乏及能源稀缺的双重困扰下，日本汽车产业[①]能在激烈的国际竞争中赶超欧美传统汽车制造大国，说明日本汽车产业具备先进的技术和强大的竞争力。日本不仅在汽车制造方面拥有世界一流尖端技术，而且在汽车报废后的回收再利用方面在全球也居领头雁地位（夏训峰和席北斗，2008）。学术界对汽车再生利用的相关研究主要集中在政府立法、具体行业支持、政策、汽车厂商的循环过程和消费者责任等方面，这对于中国解决即将面临的汽车大量消费后的再生利用问题提供了重要参考。其中，从政府主体看，德国于1992年通过的《限制废车条例》规定了回收废旧汽车是汽车制造厂商的责任与义务，在此基础上又于1994年颁布了《循环经济和废弃物清除法》将生产者责任延伸的理念推广到所有经济发展部门。日本政府根据汽车产业的特性颁布了《汽车回收再利用法》[②]。该法也重视政府在汽车循环利用方面的作用，主张通过政府和非政府机构两条路径对废旧汽车回收进行管理，同时明确了废旧汽车的回收处理流程及处理过程中收购公司、拆解公司、破碎公司、最终处理公司等相关方的责任和费用。基于生产者责任延伸制度，该法要求汽车制造商对于报废车上的氟利昂、安全气囊和汽车破碎残余物三类废弃物承担回收与再循环的义务。从汽车厂商主体看，日本汽车产业在汽车的整车物质循环、传统能源的节约、新

---

① 本书中汽车指家用汽车，其占日本汽车总产销量的绝大部分，因此下文主要围绕家用汽车展开讨论。

② 《汽车回收再利用法》是日本经济产业省和环境省共同与企业和协会沟通，在2002年共同向国会提交，同年7月在国会通过，并从2005年1月1日起正式实施的。

能源的开发、新材料的使用等方面，都体现了循环经济特色。从汽车消费者主体看，日本鼓励国民低碳消费。为构建低碳消费的体系，日本在全国实施"环保积分"制度。从日本汽车产业环保车型的开发制造，到汽车产品在消费过程中的节能减排，再到报废汽车的回收利用等方面，都充分体现了"3R"原则（崔选盟，2008）。

二、围绕日本低碳经济的相关研究

（一）日本低碳社会的研究

2007 年，日本制定了《21 世纪环境立国战略》，提出要综合推进"低碳经济""循环型社会""与自然和谐共存社会"等的建设。2008 年国际金融危机后，日本又将"低碳革命"视为未来投资最为核心的内容，这也体现出日本对构建低碳社会的重视。目前围绕日本构建低碳社会的研究成果十分丰富，国内学者从制度、技术、理念、税收等视角研究日本低碳社会，以期为中国低碳经济实践提供借鉴。总体来看，大致有以下几类研究：有学者阐述了日本构建低碳社会的发展战略，认为能源制度、节能水平和国民环保意识是实施这一战略的基础，并从技术、制度、经济、理念等层面概括了日本构建低碳社会的行动路径（尹晓亮，2010）；也有学者针对日本实施低碳经济的历程、现状、问题及所采取的措施进行了深入的研究，指出日本发展低碳经济的相关法律法规体系、汽车行业革新、创新技术培育及国民低碳生活模式构建等经验值得中国借鉴（施锦芳，2015b）；还有学者分析了日本的碳金融机制设计与创新方面的举措，认为碳金融机制创新的趋势是由政府干预转向自主发展。

（二）低碳经济成效研究

随着以二氧化碳为主的温室气体排放量的日益增加，国内外学者对经济增长与碳排放之间的关系进行了大量研究，对于两者之间关系的研究最具有影响力的是库兹涅茨理论。根据库兹涅茨曲线理论，在经济发展的初始阶段，二氧化碳排放量将随着经济的增长而增加，而当经济增长达到一定阶段之后，二氧化碳排放量将随着经济的增长而下降。Grossman（1991）的研究提出，二氧化碳排放量与经济增长呈倒 U 形关系。Schmalens（1996）的分析认为二氧化碳排放量与人均收入之间存在倒 U 形关系。黄铮等（2006）较早将库兹涅茨曲线理论应用于中国和日本，得出日本经济发展与环境质量之间的关系基本符合库兹涅茨曲线的倒 U 形规律，中国人均 GDP 与大气污染物排放量变化趋势开始趋向于倒 U 形。国内外也有研究发现库兹涅茨曲线并非总是表现为 U 型，在很多情况下还体现为 N 形曲线或线形曲线。Arzoso 和 Vlorancho（2004）利用 1975—1998 年的 OECD 国家的二氧化碳数据，运用混合组均值方法进行研究后发现，OECD 大部分国家存在 N 形曲线，一些经济相对不发达的国家则存在倒 N 形曲线。同时，国内学者韩玉军和陆旸（2009）对 165 个国家进行分组检验发现，"高工业、高收入"国家表现出了库兹涅茨曲线的倒 U 形趋势，"低工业、低收入"国家表现了微弱的倒 U 形趋势，"低工业、低收入"国家表现出了线形趋势，而"高工业、低收入"国家环境污染与收入增长同步。其中，施锦芳和吴学艳（2017）对 1960—2014 年日本人均 GDP 与人均碳排放数据回归发现日本库兹涅茨曲线呈 N 形。

通过上述梳理发现，对于经济发展程度不同的国家和地区，库兹涅茨曲线呈现不同的曲线特征，倒 U 形曲线更多地在发达国家得到了验证。现阶段，中国作为经济发展较快且碳排放量较大的发展中国家，通过与低碳且经济发展水平较高的发达国家进行比较，可以借鉴其经验，促进自身低碳经济发展。本书选取日本作为参照对象，通过以经济增长与碳排放关系的库兹涅茨曲线为理论基础，引入人均能源消耗量和人口增长率等控制变量分析日本环境保护的成效，以期为中国低碳经济发展提供借鉴。

三、围绕日本废弃物贸易的相关研究

当前，资源性废弃物利用作为循环经济的重要组成部分，也越来越受到各国的重视，主要表现为国际废弃物贸易的不断升温。联合国贸易和发展大会数据库资料显示，根据联合国商品贸易统计数据库中 62 种 HS-6 的废弃物分类计算，2002—2007 年国际废弃物贸易增长率高达 68.00%。其中，前 10 名发达国家废弃物出口量占世界可回收废弃物出口总量的比重高达 64.57%，这表明当前国际废弃物主要是从发达国家流向发展中国家。当然，为满足发展中国家需要而进口环境危害较小的废弃物，无疑有利于发展中国家的经济发展。但是，事物总是具有两面性，废弃物贸易必然隐含着高成本及环境污染等一系列问题。否则，发达国家也不会将废弃物资源源源不断地运往发展中国家。因此，从 Ekins 等（1994）提出的"环境成本转移理论"角度解释废弃物贸易：国家之间发展程度及收入水平不同，致使其制定和实行的环境规制标准不同，从而使其生产处理废弃物的成本不同，进而促进了发达国家与发展中国家之间废弃物贸易的产生。前者将废弃物出口到后者，节省了其处理废弃物的环境成本；同时，后者从前者进口利用废弃物再造产品，自然而然地将环境成本转移到了发展中国家。

因此，随着发达国家环保标准的不断提高，废弃物跨境转移日渐频繁，大量的废弃物流入发展中国家，对其生态环境、居民健康，甚至是贸易结构、产业结构造成了重大影响。由此，随着国际废弃物产出的增多及废弃物贸易的不断发展，关于废弃物贸易的研究引起了国内外学者的重视，所涉及的内容主要包括以下几个方面。

（一）废弃物贸易产业转移的研究

国际贸易可以改变跨国产业结构，而废弃物贸易也能造成污染物的产业转移，并使得发展中国家承担由发达国家产生的污染。Stern 等（1996）和 Ekins 等（1994）分析认为，发达国家产业结构的调整与本国消费结构的变化无关，而是与产业的转移和调整有关，库兹涅茨曲线反映出发达国家污染密集型产业逐渐转移到欠发达国家。Copeland 等（1995）也认为，污染程度较高的产业会由环境管制标准较高的发达国家向环境管制标准较低的发展中国家转移。杨华（2009）指出，发达国家通过经济合作、跨国投资等方式将高污染、高能耗的产业转移到发展中国家，甚至把废弃物处理场设在发展中国家，以实现污染的转移。赵立华和张群卉（2010）指出，发达国家在国际贸易中，不断通过污染产业和危险废弃物贸易转移等方式对发展中国家进行环境掠夺。

（二）废弃物贸易成本的研究

Sieberte（1980）使用两国贸易模型分析框架，以环境政策对成本的影响与排放标准有关为前提，分析了环境排放标准与贸易条件变化之间的关系。Baumol 等（1988）在研究模型中，假设两个国家都生产一种相同的产品，并且该生产行为会造成环境污染。通过局部均衡分析认为，若其中一个国家实施环境政策，而另一国家不实施该政策，那么不实施环境政策的国家就会在产品生产上具有比较优势。Brander 等（1997）也分析了这一问题，指出资源管理标准较低的国家相对资源管理标准较高的国家具有比较优势。Baumgartner 和 Winkler（2003）认为，德国国内废纸供过于求和过高的废弃物处理成本是其出口废纸的主要原因。傅京燕（2002）分析了环境成本内部化对南北国家产业竞争力的影响及发展中国家进行环境成本内部化面临的压力，认为环境成本内部化是解决环境问题的根本手段。李湘滇（2008）认为垃圾处理成本的差异是发展中国家从发达国家进口可回收废弃物的主要原因，通过比较可回收废弃物的成本与收益，认为进口可回收废弃物的利润较大。

（三）废弃物贸易法律制度的研究

杨华（2007）认为必须采取全球控制的方式，强化国际环境法律责任。同时，杨华（2009）认为废弃物贸易给发展中国家带来了较大损害，并从控制要素、组织要素及领域要素三个方面，分析指出国家对环境损害应该承担的法律赔偿责任。李修棋（2002）分析了危险物质管理控制的国际法产生的背景，并详细阐述了有毒化学品、放射性物质和其他危险废弃物等物质的国际法内容，指明了对该类物质的风险评估、国际贸易、跨国运输及转移的相关规则。陈维春（2006）通过比较《巴塞尔公约》和《巴马科公约》，指出国际社会对危险废弃物越境转移的法律控制的得失。孙萍（2012）认为发达国家将危险废弃物跨境转移到发展中国家，使发展中国家深受其害，《巴塞尔公约》的诞生及其不断完善对于控制危险废弃物跨境转移具有重要意义。Albers（2015）认为应该首先弄清危险废弃物海运问题区域的情况，并详细阐述废弃物跨境转移的经济驱动力、利益各方及废弃物海运如何发生等问题，才能对与废弃物转移相关的法律及国际公约进行评价。

目前，关于国际废弃物贸易的研究主要集中于废弃物产业转移、高环境成本引起的废弃物跨境转移及相关法律制度研究等，且主要针对某种产品，或者笼统的发达与发展中国家之间的分析研究，而对地区内废弃物贸易的研究却较少。随着全球范围废弃物贸易的不断发展，亚洲作为世界经济增长的引擎，其废弃物贸易份额也居高不下。Technavio 咨询公司发布的报告显示，2015 年亚太地区占全球工业废弃物回收的份额高达 51%，并且预计未来 5 年还会持续增长，而该地区工业废弃物产量较高的国家主要是日本、中国和韩国。因此，研究亚洲地区废弃物贸易的现状、存在的问题及目前针对废弃物贸易的主要贸易壁垒，对地区间及全球范围内废弃物贸易的发展具有重要意义。

四、围绕日本绿色消费的相关研究

绿色消费是近年发达国家提出来的一个环保概念。绿色消费依据主体可划分为政府的绿色采购和公众的绿色消费。绿色采购又称为环保采购，属于绿色消费和公共财政管理的范畴。目前，针对日本环保消费的研究成果还不多见，通过总结现有的研究成果，发现日本发展环保消费的成功经验主要集中在完备的相关立法、积极的财税政策、灵活的绿色采购团体等三个方面。崔成和牛建国（2012）指出绿色采购效果明显且副作用小，日本政府在全球金融危机和东日本大地震灾难发生后恢复了绿色汽车购买补贴制度，推行绿色采购，通过消费端补贴和政策引导的"示范效应"刺激消费并带动消费结构转变的做法值得中国借鉴。於素兰和孙育红（2016）研究日本绿色消费后发现，日本政府加大绿色消费补贴力度，推行绿色采购，明确消费者的权利和义务，并制定了《政府绿色采购法》，以法律形式明确了绿色采购作为政府机构的责任与义务。还有一些研究成果从微观视角介绍了日本的"环保积分制度""环保标示制度"、碳税政策等财税政策对公众和厂商的引导与激励（施锦芳和李博文，2018）。除相关立法和财税政策外，日本还十分重视由政府部门、民间企业、社团组织组成的绿色采购团体作用。程永明等（2013）的研究指出，第三部门在政府、企业和消费者之间宣传绿色采购观念，搭建绿色企业间的交流平台以提供绿色采购信息。绿色采购信息公示和绿色采购标准制定对扩大绿色消费很有必要，其对中国发展环保采购有一定的借鉴价值。2008 年奥运会期间，第 29 届北京奥林匹克运动会组织委员会（以下简称北京奥组委）在筹办、举办的全过程中就开展了绿色采购。

五、简要小结

2007 年出台的《21 世纪环境立国战略》指出，今后日本的环境保护要紧紧围绕建设"低碳经济"、"循环型社会"和"与自然和谐共存社会"展开。可见，在日本，环境保护问题已经不是一个单一独立的问题，而是一个涵盖多领域、跨学科集经济、社会于一体的综合性问题。

通过对日本环境保护研究成果的梳理可知，国内外学者针对循环经济、低碳经济、废弃物贸易、绿色消费等领域，对日本的环境保护制度、战略、实践展开研究的成果比较丰富，国内外学者的学术贡献为本书的写作提供了良好的理论支撑。然而，目前的研究中，鲜见将循环经济、低碳经济、废弃物贸易、绿色消费结合起来进行全方位、系统性地分析日本的环境保护成果。本书不仅关注日本循环经济、低碳经济的相关理论和实践，还立足于为中国提供启示和借鉴的视角，考察分析了当前日本的最新环保举措、废弃物贸易、绿色消费等，并从经济社会可持续发展视角，对日本的环保制度构建、战略推进及实践成效进行了全面深入的研究。

第二篇　战　略　演　进

第二章　日本环境保护进程及特征

随着经济的快速增长及人口的不断膨胀，全球各地产生的废弃物的种类和数量均在不断增加。如果不及时采取适当的方法回收处理这些废弃物，人们的生活环境和社会公共卫生将会受到损害，最终将会影响人们的正常生活甚至会危及人们的身体健康。

1868年明治维新以来，日本走上了现代化国家的发展道路。1885年，日本发生了一起有害物质污染环境事件，栃木县足尾铜矿及炼铜工厂排放的有害物质污染了周围的环境。这次事件使得日本政府开始下决心整顿环境，其也逐渐认识到环境保护的重要性。1900年，日本政府颁布了有关环境保护的法律——《污物扫除法》，并开始了废弃物的回收处理工作。二战结束后至今，日本政府先后多次制定并修改废弃物处理的相关法律，这充分说明废弃物的回收处理问题是日本政府实施环境保护的重中之重，也是日本当前建设循环型社会的关键。迄今为止，垃圾回收再利用在日本已经有100多年的历史。在不同的时代背景下，日本政府围绕垃圾回收及再利用制定了相应的制度。经过不断完善和迭代，当前日本已经形成了一套完整有效的垃圾回收循环利用体系，并在环境保护方面积累了丰富的经验。

本章从公共卫生意识萌芽时代、公害应对及生活环境保全时代、构建循环型社会三个大阶段考察日本环境保护的推进过程及各个阶段的特征。

第一节　公共卫生意识萌芽时代的状况及特征

一、步入现代化国家以后（19世纪后半期至20世纪前半期）

明治维新以后，随着现代化国家进程的推进，日本开始出现了垃圾回收行业，但是这一时期的垃圾回收并非政府行为，而是由民营企业主导的。民营企业将回收的垃圾进行简单分类处理，并将其中有再利用价值的部分出售给相关企业以获取经济收益。但是，一些问题也随之出现，这些民营企业经常将没有利用价值的垃圾随意扔放到马路边或空旷地带，导致日本国内涌现了诸多"垃圾山"，卫生环保问题开始引起人们的关注。于是，日本政府将垃圾回收处理问题提上了议事日程。

1900 年，日本政府颁布了《污物扫除法》，这是日本有关垃圾回收的一部重要法律。该法律明确规定：日本的二级行政机构，即市、町、村有义务组织和开展垃圾的回收及处理，各个垃圾回收公司必须在政府的管理之下开展垃圾回收，不能再利用的垃圾应尽量进行焚烧处理。由于当时缺少焚烧设施，因此，焚烧方法是在郊外空旷场所实施燃火焚烧。

二、经济恢复时期（1945 年至 20 世纪 50 年代）

1945 年至 20 世纪 50 年代，若用一句话来概括这一时期日本环境保护的特征，即为日本进入了注重改善公共卫生的时期。

二战结束后，日本用 10 年的时间完成了经济恢复。随着经济的复兴，日本出现了婴儿出生高潮，城市垃圾也随着人口的增长快速增加，公共卫生开始恶化。一方面，当时一些人们经常往河流、海洋里倾倒垃圾，导致蚊子、苍蝇大量繁殖，传染病发病率上升，公共卫生安全成了棘手的社会问题。另一方面，家庭产生的垃圾的回收主要是靠手工作业，垃圾回收工人推着手推车挨家挨户地进行回收，然后装运至卡车，由卡车运送至焚烧工厂。这就使得垃圾回收的范围受到限制，难以做到完全回收。而且，家庭垃圾在手推车装运至卡车再运送至垃圾焚烧厂的过程中四处散落，严重影响了环境卫生。虽然基于 1954 年颁布的《清扫法》，市、町、村有义务组织垃圾回收，但是国家层面、都、道、府、县及国民的协助配合不到位，垃圾回收基本处于松散的状态。因此，二战后以城市垃圾为主的环境问题不断加剧，有关垃圾清扫回收的行政制度构建势在必行。

第二节　公害应对及生活环境保全时代的状况及特征

20 世纪 60 年代至 20 世纪 70 年代，日本经济进入高速增长期，同样用一句话来概括这一时期日本环境保护的特征，即随着人们收入的增加，家庭垃圾和产业垃圾排放量剧增，公害问题日益严重。

日本经济高速增长时期，伴随"国民收入倍增计划"的实施，1967 年日本普通民众的收入实现了翻一番。这一时期，日本出现了所谓的"三种神器"（电冰箱、洗衣机、黑白电视机）到"新三种神器"（汽车、彩色电视机、空调）的升级。随着这些家电产品的快速普及，人们的生活方式发生了重大转变。同时，这一时期，超市和便利店的出现也改变了人们的消费模式。日本开始进入"大量生产、大量消费"的时代，城市垃圾的数量和种类增加的速度远远超出了人们的预想。这一时期日本实现了工业现代化，各类产业垃圾如污泥、合成树脂、废气废油等未做任何处理就被直接排放或扔弃了。另外，随着城市化进程的推进，城市建筑垃圾如土石、瓦片等被直接扔弃到空旷地带或山川河流之中。依据 1954 年颁布的《清扫法》，地方政府有责任和义务负责垃圾的回收及处理，然而，家庭垃圾和产业垃圾的数量和种类剧增，使得地方政府无力应对。

与此同时，日本政府过分追求经济的高速增长，对经济增长引致的公害问题并未给予足够重视。1973 年，日本钢铁工业的生产达到顶峰，粗钢产量创下历史新高。然而，这个时期也正是日本环境污染最严重的时期。例如，工厂废水中的有机水银引起的熊本县水俣病案诉讼、新潟县水俣病案诉讼，以及工厂废水中的有害化学物质引起的疼痛病案诉讼与四日市哮喘病诉讼案等，严重影响了这些地区国民的生活质量。基于上述状况，日本政府不得不着手构建垃圾回收处理体系。

首先，1970 年日本召开了第 64 届临时国会（该届国会又被称为"公害国会"），在全面修订 1954 年颁布的《清扫法》基础上，出台了《废弃物处理法》。1976 年再次修订《废弃物处理法》，出台了《废弃物处理修订法》。与《清扫法》相比，这两部有关废弃物处理的法律将垃圾区分为产业垃圾和一般垃圾两种，一般垃圾继续由前述规定的市、町、村负责回收处理，而产业垃圾则由各垃圾排放企业负责回收处理。这一变化明确了一般垃圾和产业垃圾回收处理的责任单位。

其次，为了彻底解决公害问题，1967 年日本政府颁布了《公害对策基本法》。在《公害对策基本法》中，将公害定义为：由于事业活动和人类其他活动产生的相当范围内的大气污染、水质污染（包括水的状态和江河湖海及其他水域的底质情况的恶化）、土壤污染、噪声、振动、地面沉降（采掘抗污所造成的下陷除外）及恶臭，对人体健康和生活环境带来的损害。在后续的修订完善过程中，相关法律还将妨碍日照、通风等也认定为公害。

第三节　构建循环型社会时代的状况及特征

一、高速增长至泡沫经济时期（20 世纪 80 年代至 20 世纪 90 年代）

20 世纪 80 年代至 20 世纪 90 年代日本进入了泡沫经济时期，用一句话来概括这一时期日本环境保护的特征，即为泡沫经济使人们不得不从质、量两个角度来考虑垃圾回收处理问题。

这一时期，随着生产和消费的大量增加，垃圾的排放量也持续增加。

冰箱、洗衣机等大型家电产品更新换代后如何回收处理及塑料瓶装饮料的多样化带来的塑料瓶回收处理等问题都成了垃圾回收处理中遇到的新问题。当时日本国内面临着垃圾回收处理场所设施不足及处理能力有限的问题，因此日本政府计划投资新建扩建垃圾最终处理场所。然而，二战后的土地改革使得日本的土地实现了完全私有化，政府需要征得垃圾处理厂附近市民的同意或市民愿意向政府出售土地，否则垃圾处理场所的新建或扩建问题就是纸上谈兵。事实上，日本政府在新建扩建垃圾处理场所的过程中，遇到了诸多阻力，如周边市民开展了多种反对运动。其中，1992 年东京都、日出町、谷户泽等地区的反对示威游行被媒体大肆渲染报道，导致全国各地出现了多种形式的反对新建扩建垃圾处理场所的运动。面对这样的状况，日本政府被迫调整对策，只能从压缩控制垃圾规模（量）入手来解决垃圾回收处理问题。

《废弃物处理法》规定，企业排放的垃圾由各垃圾排放企业负责回收处理，费用也由企业自行承担。随着企业排放垃圾量的大量增加，企业非法排放垃圾问题日益严重，污染了百姓的土地及周围环境，日本政府不得不着手制定针对非法排放垃圾的专门法律。另外，这一时期，垃圾焚烧散发的二噁英对人体的危害问题日益加剧，埼玉县、所泽市周围的垃圾焚烧设施造成周边土壤被检出含有高浓度污染物，这些问题加剧了公众对垃圾处理场的不信任，进而使得公众更加反对新建扩建垃圾处理设施。

二、创建循环型社会时期（20 世纪 90 年代至 21 世纪初期）

20 世纪 80 年代末的过度投资所造成的资产膨胀及证券、房地产市场的泡沫化，随后在日元不断升值下泡沫经济崩溃，加之日本政府改革经济的努力也没有收到立竿见影的成效，20 世纪 90 年代初开始日本经济持续下滑，经历了"失去的 10 年"。这一时期，日本政府开始重新思考传统经济模式，并努力探索新型经济模式。1991 年，日本政府颁布了《资源有效利用促进法》。随着法律条文的颁布，日本国内围绕再生利用技术展开了大量研发工作，取得了丰硕的成果。2000 年，日本政府颁布了《循环型社会形成推进基本法》，正式将"循环经济"这一经济社会建设的新理念提升到法律的高度。国际社会将循环经济的概念分为广义和狭义两种。广义的循环经济侧重于协调人与自然的关系，强调物质的合理循环，保持人与自然的和谐共处。而狭义的循环经济主要针对的是废弃物问题，包括抑制废弃物的产生、将废弃物转变为资源、开展合理的再生利用。《循环型社会形成推进基本法》对循环型社会给出的定义为：循环型社会指的是控制对天然资源的消费，尽可能减少环境负荷的社会。该法的第八条还规定：为促进循环型社会的形成而采取的政策措施，必须考虑与其他保护环境的政策措施相配套，以确保自然界物质的正常循环。以上表述从不同的角度表明，日本提出的"循环型社会"及"循环经济"是广义的概念，主要强调的是人类社会与自然的关系问题。

图 2-1 呈现了日本循环经济的特征，在天然资源投入及生产环节，大力控制天然资源消费并提高资源的综合开发利用率；在资源消费和使用环节，大力提高资源利用效率；在废弃及处理环节，大力开展资源再循环利用；在再生资源产生环节，大力回收和循环利用各种废弃资源；在社会消费环节，大力提倡绿色消费即环保消费。由上述特征可知，日本的循环经济是符合可持续发展理念的新型经济社会增长模式，它抓住了当前国际社会资源相对短缺而又大量消耗的症结，对解决资源对经济发展的瓶颈问题具有重要的作用。

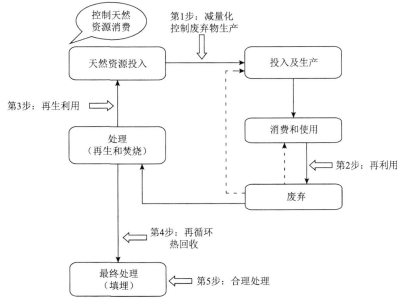

图 2-1　日本循环型社会状况

资料来源：根据日本环境省网站资料整理而成

在《循环型社会形成推进基本法》的指导下，中央政府、地方政府和国民通力合作，大力推进循环型社会建设，实现经济社会的可持续发展。1992 年，日本召开了第一届全国推进垃圾减量大会，通过大会向全国传播如何减少垃圾的相关知识，并搭建了垃圾减量经验交流平台。从 1993 年开始，将每年的 5 月 30 日至 6 月 5 日定为"垃圾减量推进周"，在全国范围内开展多种多样的活动，号召国民参与垃圾减量斗争，并通过电视等媒体加大宣传力度。1997 年将"垃圾减量推进周"内容扩大，更名为"垃圾减量、再生利用推进周"。1993 年，日本政府出台了《垃圾减量化综合战略》，围绕垃圾减量对各地方政府创建再生利用交易场所给予资金补助，鼓励国民将自己不需要的物品拿出来交换利用。同时，开始在全国推广创建"绿色再生利用城"（green recycle town），积极推进垃圾减量，实现垃圾最大化再生利用。

第三章　日本环境保护法律体系及环境立国战略

日本政府在探索经济社会可持续发展路径时，创造性地提出了"循环经济"和"循环型社会"的新理念，为提出"环保立国"的经济发展战略奠定了理论及思想基础。围绕创建循环型社会，目前日本已形成了较为完备的推进循环经济建设的环境保护法律体系。

第一节　日本的环境保护法律制度建设

日本首先制定了一部基本法，即《循环型社会形成推进基本法》；在基本法的基础上又颁布和修订了两部综合性法律，即《废弃物处理修订法》及《资源有效利用促进法》；然后陆续出台了六部产业性特定法律，即《容器包装再生利用法》《家电再生利用法》《建筑废弃物再生利用法》《食品再生利用法》《汽车再生利用法》《小型家电再生利用法》。由此组成了日本环境保护的立法体系。

一、颁布了一部基本法

2000 年，日本政府以第 110 号现行法方式颁布了《循环型社会形成推进基本法》，这部法律可谓当时国际社会在经济、社会、环境法制领域最完备的法规之一。

首先，简单概括一下这一基本法诞生的过程及 20 世纪 90 年代以后日本政府围绕循环经济建设所推行的有关政策及举措。围绕环境保护问题，日本政府于 1993 年制定了《环境基本法》，在该法中提出了一个重要理念："建设以循环为基调的经济社会体制。" 1997 年，日本通商产业省（现为经济产业省，后同）发布了一份题为《循环经济构想》的报告，在剖析日本当时严重的资源与环境问题的基础上，提出了建设循环经济的构想。根据《循环经济构想》，日本政府开展了"生态城市"工程建设，开始了循环经济在各地区的实践。1998 年，日本政府制订了《新千年计划》，正式把循环经济确定为 21 世纪日本经济社会发展的重要目标。1999 年的《环境白皮书》还正式提出了"环境立国"新战略。1999 年，通商产业省发布的《循环经济蓝图》报告，设计了一个以废弃物零排放为目标的技术系统，主要内容包括产品的生命周期评价、废弃物减量化、资源循环利用、废弃物资源化的产业链和废弃物回收、运输与交易问题。同年 10 月，当时的执政党（自民党与公明党联合）就循环型社会建设的法制问题与在野党（民主党等）达成了共识：将 2000 年确定为日本"循环型社会元年"，并指出将尽快制定出建设循环型社会的基本法律框架。在此基础上，2000 年日本政府颁布了《循环型社会形成推进基本法》，在该基本法中首次明确"循环经济"这一经济社会建设的新理念，以立法的形式把建设循环型可持续发展社会作为日本今后经济社会发展的总体目标。与此同时，日本政府还提出建立"环之国"，其基本目标是彻底抛弃 20 世纪的"大量生产、大量消费、大量废弃"的传统线性经济模式，建立一个以可持续发展为基本理念的循环型经济社会。

其次，考察一下《循环型社会形成推进基本法》的主要内容。《循环型社会形成推进基本法》包括三章及附则，共三十三条。正文部分共三十二条，分为三章：第一章是总则（第 1 条—第 14 条）；第二章是形成和推进循环型社会的基本计划（第 15 条—第 16 条）；第三章是关于循环型社会形成的基本政策（第 17 条—第 32 条），包括两节，其中第一节是国家实施的政策（第 17 条—第 31 条），第二节是地方自治机构实施的政策（第 32 条）。《循环型社会形成推进基本法》的主要内容可概括为以下六个方面：第一是立法目的；第二是对循环型社会法制中涉及的重要概念及法律进行界定；第三是利用、处置循环资源（废弃物等）的基本原则；第四是责任负担原则；第五是推进、形成循环型社会的基本计划；第六是关于形成循环型社会的基本政策。通过以上考察可知，在循环型社会立法体系中，《循环型社会形成推进基本法》居于基本法的地位，实际上形成了循环型社会立法的基本框架。

二、出台两部综合性法律

发展循环经济，最根本的问题就是要解决传统线性经济运行模式下所引发的环境负荷问题，遵循"3R"原则，实现资源的循环利用，保持经济社会的可持续发展。而解决这一问题的关键，简而言之必须做到以下两点：第一，尽可能地减少废弃物的产生；第二，最大化控制天然资源的消费及实现资源的有效再生利用。于是，日本政府从立法层面入手，针对垃圾的回收处理及资源的循环利用等问题，出台了《废弃物处理修订法》及《资源有效利用促进法》。

（一）《废弃物处理修订法》

围绕废弃物处理及减量化问题，日本政府早在 1970 年就颁布了《废弃物处理法》。为了控制废弃物排放、正确处理废弃物、保持生活环境清洁，2008 年 5 月以《循环型社会形成推进基本法》为基准，日本政府再次修订了《废弃物处理法》。《废弃物处理修订法》对废弃物处理从以下五个方面做出了详细规定：第一，控制废弃物的排放；第二，正确恰当地处理废弃物，将废弃物区分为一般垃圾和产业垃圾，进行分类收集处理（图 3-1）；第三，设置废弃物处理设施方面的规定；第四，废弃物处理从业者的规定；第五，制定废弃物处理标准。以此法为基础，日本政府倡导国民及产业部门尽量减少每天产生的垃圾量，实施垃圾分类制度，通过分类和堆肥技术减少垃圾量。

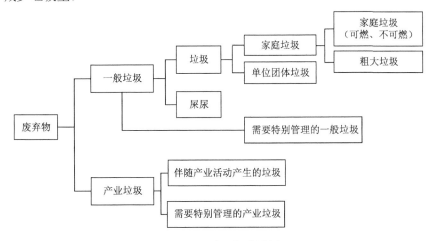

图 3-1　日本垃圾分类图

资料来源：根据日本环境省的《环境白皮书》绘制而成

日本环境省公布的统计数据显示，日本垃圾排放总量在 2000 年达到峰值 5483 万吨。近年来，日本垃圾的总排放量总体上在逐渐减少，2015 年总排放量 4398 万吨，比 2000 年减少约 20%（图 3-2）。这说明日本实施垃圾循环再生利用的各种制度的成效有所显现。当然，2005 年以后日本人口负增长也可能是一般垃圾排放量减少的原因之一。2015 年人均每日垃圾排放量为 939 千克，比 2005 年减少约 17%。2008 年，日本政府提出了"凉爽地球伙伴关系"计划，旨在进一步提高垃圾填埋技术，实现工业有机垃圾的无害化处理和能源再生。在这一计划的指导下，日本将进一步推进绿色废弃物处理的循环型社会建设。

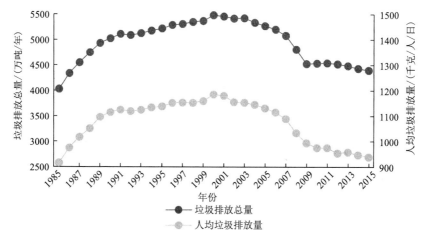

图 3-2　1985—2015 年日本垃圾排放量及人均排放量状况
资料来源：根据日本环境省回收措施部的资料整理而得

（二）《资源有效利用促进法》

围绕资源有效再生利用问题，日本政府于 1991 年 4 月颁布了《资源有效利用促进法》（或称《改正再生利用法》），制定该法的目的是实现再生资源的有效利用。2000 年以《循环型社会形成推进基本法》为基准，日本再次修订了《资源有效利用促进法》，修订后的《资源有效利用促进法》对资源再生利用就以下四个方面做出了详细的规定：第一，再生资源的再生利用方法；第二，研究开发再生利用可能的构造及材质；第三，标明分别回收的标签；第四，促进副产品的有效利用。

三、分产业制定六部专门法律

1995 年至今，根据各产业所生产的各种产品的性质，日本政府按产业制定了六部专门法律（表 3-1），详细规定了各种产品的回收及再生利用的方法，形成了一套系统的促进资源能源节约和循环利用的法规体系。

表 3-1　日本推进循环经济的专门法律

法律名称	颁布时间	修订日期	主要内容	主管部门
《容器包装再生利用法》	1995 年 6 月 12 日第 122 号法律	2006 年 12 月 1 日	市、町、村分类回收玻璃瓶、PET 瓶、纸制或塑料容器包装物，并实现再生利用	环境省、经济产业省、财务省、厚生劳动省、农林水产省
《家电再生利用法》	1998 年 6 月 5 日第 97 号法律	2003 年 6 月 18 日	空调、电视机、电冰箱、电动洗衣机四大家电的再回收利用	经济产业省、环境省

续表

法律名称	颁布时间	修订日期	主要内容	主管部门
《建筑废弃物再生利用法》	2000 年 5 月 31 日第 104 号法律	2001 年 5 月 30 日	建筑物解体后建筑器材、材料的再生利用	环境省、农林水产省、经济产业省、国土交通省
《食品再生利用法》	2000 年 6 月 7 日第 116 号法律	2007 年 6 月 13 日	制作、流通、消费环节食品残渣的再生利用	农林水产省、环境省
《汽车再生利用法》	2002 年 7 月 12 日第 87 号法律	2004 年 12 月 3 日	汽车报废后的再回收及再生利用	经济产业省、环境省
《小型家电再生利用法》	2013 年 4 月 1 日第 57 号法律	—	小家电的再回收及再生利用	经济产业省、环境省

资料来源：根据日本环境省网站资料整理而成

第二节　日本环境立国战略构建

进入 21 世纪以来，日本政府从理论、政策措施等诸多方面对环境保护问题的认识和重视又提升到了一个新的高度。2004 年，日本环境省大臣小池百合子在内阁会议上提出了"环境革命"的新理念，强调应该改变目前以牺牲环境为代价追求便利和舒适的观念，以及改变因盲目消费把大量资源变为垃圾的社会现状。在小池百合子"环境革命"理念的倡导下，2005 年夏秋之际，日本政府启动了"清凉商务"活动，要求政府机构等相关部门工作场所的空调温度必须设置在 28 摄氏度以上。每年 6 月至 8 月底鼓励人们在炎热夏季选择穿凉快便装代替西装去上班，以降低空调电能消耗，减少温室气体排放量，为应对全球气候变暖做出贡献。实际上，小池百合子提出的"环境革命"理念的最终目的也是建立循环型社会。2007 年，日本内阁审议通过了《21 世纪环境立国战略》，将"环境立国"的新战略写进了《日本环境白皮书》，由此，环境保护在日本又被推向了一个更高层次的发展阶段。

一、明确环境立国的目标和发展方向

《21 世纪环境立国战略》指出，21 世纪日本环境立国的目标是：创造性地建立可持续发展的社会，即建立一个"低碳化社会"、"循环型社会"和"与自然共存的社会"，并形成能够向世界推广的"日本模式"，为推进全球治理做出贡献。同时，它还指出了实施"环境立国"战略的取向是：充分利用现代文化和传统文化的智慧，建设美丽的国家，实现人与自然的

和谐；把注重环境保护与搞活地方经济作为两个车轮，推动日本与亚洲和世界的共同发展。

在《21 世纪环境立国战略》中，日本政府提出了未来日本环境立国的三个发展方向：第一，继承追求与自然共存的智慧及传统，建设充分享有大自然恩惠的美丽日本；第二，发展环境和能源技术，创造新的经营模式，使环境保护成为激发日本经济活力和提升日本国际竞争力的新动力，实现环境保护与经济发展共赢；第三，利用日本的环境、能源技术和治理公害的经验开展国际合作，实现与亚洲及世界各国的共同发展。

二、制定环境立国战略

《21 世纪环境立国战略》确定了日本未来重点实施的八个主要战略。

第一，充当防止地球温暖化的国际带头人。为实现 2050 年全世界二氧化碳排放总量减半、建设依靠创新技术的"低二氧化碳排放社会"的长期目标，坚持"3R"原则，落实《京都议定书》，完善实现《京都议定书》减排目标的政策措施，向国际社会提出新建议，为建立国际环保制度做贡献。

第二，以保全生物多样性为目标，充分享受和传承大自然的恩惠。日本呼吁世界各国依靠与自然共存的智慧，实现经济振兴和社会发展，共同建立与自然共存的社会。与此同时，通过综合评价日本生物多样性的现状与问题，制订长期规划，建设一个世世代代都能够充分享受大自然恩惠的富裕而美丽的国家。

第三，进一步落实"3R"原则。落实《3R 行动计划》，采取必要的措施，严格遵守"3R"原则，实现可持续发展的资源循环，探索循环经济的发展路径，为防止地球温暖化做贡献。

第四，充分利用日本治理"四大公害"的经验和智慧，开展环境保护方面的国际合作研究。针对发展中国家特别是东亚各国面临的环境保护方面的问题，发挥日本在防治公害的技术和能源技术方面的长处，开展国际环境合作研究。

第五，探索以环境、能源技术为中心的新的经济增长方式。进一步研究开发节能技术、生物能源技术、原子能技术等，在开展创造性技术革新的基础上，研究新的环境技术，使环境保护成为经济发展的新动力。

第六，尽享大自然赐予的恩惠，建设充满活力的地方经济社会。根据各市、町、村的河流和森林的不同特征，在乡村实现人与自然的和谐，在城市充分考虑环境因素，使河流沿岸生机盎然，使森林茂密成片、郁郁葱葱，从而使国民充分享受大自然的恩惠，共同建立充满活力的、美丽的地方社会。

第七，培养国民形成感受环境、考虑环境、保护环境的自觉意识。加强国民环保教育，提高国民环保意识，培养热爱环保事业、具有丰富环保知识、乐于为环保事业奉献的专门人才。充分调动环保人才的积极性并鼓励其发挥聪明才智，把地方开展的富有成效的环保活动推向全国，进而推向亚洲和世界。

第八，制定实施"环境立国"战略的具体措施。按市场经济规律，客观分析环境保护政策的成效，进一步扩大政府采购，强化环保激励机制，使企业和个人自觉地参与环保活动，最大限度地调动公众的积极性和发挥其聪明才智。

综观上述八个战略可知，第一、二、三条战略属于应对地球温暖化危机、资源浪费危机和生态系危机的具体应对策略，后五条战略则是为了实现 21 世纪环境立国目标的总括性指导方案。可见，日本的"环境立国"战略并非一个简单的纲领，其蕴含着日本旨在通过环境保护振兴经济的思想、内涵和脉络，值得中国深入学习和借鉴。

第三篇 实践成效

第四章　日本循环经济实践

日本发展循环经济的目的是在生产、流通、消费、废弃等社会经济活动的全过程，使资源和能源得到最充分的循环再生利用，从而控制垃圾的产生量并使之得到恰当的处理，最大限度减少环境负荷，实现经济社会的可持续发展。围绕这一目标，日本政府依据前述的相关法律法规，在不同领域大力推进循环经济实践。本章主要探讨容器包装物、家电产品、建筑物、食品、汽车及小型家电等废弃物的再生循环利用实施状况，并评价分析其产生的成效。

第一节　容器包装物回收再利用及成效

一、容器包装物回收再利用现状

二战后，随着日本经济的复兴，企业开始大量生产、居民进入大量消费时代，数量庞大的废弃物随之产生。其中，容器包装废弃物占比最大，但在当时，容器包装废弃物的循环利用问题并未引起关注。之后，随着人们开始重视容器包装物的回收及再利用，特别是《容器包装再生利用法》出台之后，容器包装物回收再利用问题被提上议事日程。

《容器包装再生利用法》将容器包装定义为：该商品被消费后或者与该商品分离后就不需要了的物品，其范畴涵盖了附于商品的所有瓶、罐、纸、塑料制品等。容器包装物在一般废弃物中所占的比例较大，日本每年大约产生 5000 万吨的生活垃圾，其中生活垃圾质量的 20%～30%、体积的 60%左右为容器包装物，可见，容器包装废弃物处置得当对推进循环经济建设至关重要。

为了促进垃圾减量化目标的实现和容器包装物的再循环利用，1995 年日本政府出台了《容器包装再生利用法》，并于 1997 年 4 月开始正式实施。《容器包装再生利用法》出台后，根据法律规定对各种容器包装废弃物实行分类回收的市、町、村的比例不断上升，回收量也在不断增加。1997 年至今，《容器包装再生利用法》实施以来，日本形成了完备的容器包装回收再利用体系，容器包装废弃物回收再利用效率也有了较大的提高。除了大力倡导容器包装物的再生利用外，日本也积极推进实现容器包装物的轻、薄、短、小型化。例如，2007 年以来，日本大多数的超市、百货商店均开始推行塑料袋有偿收费使用制度，并收到了良好的效果。

二、容器包装物回收再利用的实践及特征

以《容器包装再生利用法》为基础，容器和包装再生利用协会协同政府机构和管理实体，确立了容器包装回收再利用的责任义务主体与流程，动员全民参与及共同承担回收责任，由此基本上形成了容器包装物生产、消费、回收再利用的循环利用模式。

（一）容器包装物回收再利用制度

《容器包装再生利用法》规定了消费者需分类扔放的容器包装废弃物，市、町、村的相关机构对此进行分类回收，特定经营者（利用特殊容器的经营者、特殊容器制造者、特殊包装利用者）将回收来的符合再生利用标准的容器实现再商品化。该法旨在明确市、町、村相关机构、消费者及经营者在容器包装再生利用方面的职责，三方共同推进容器包装的回收再利用。《容器包装再生利用法》明确规定，消费者在分类扔弃容器包装废弃物时，除按各个市、町、村相关机构制定的分类标准外，还必须严格遵循"分类扔放"的原则，具体规定如下：第一，消费者需要将瓶装容器的瓶盖、商标、瓶体等不同材质部分拆开分别扔放；第二，容器中的异物需完全洗净后扔放；第三，尽量减小容器的体积，纸质容器需拆开折叠、罐和塑料瓶应压扁后扔放；第四，再生利用时盛过有毒液体的容器不能再次回收。

此外，为进一步提高容器包装物回收效率并降低回收成本，日本还制定了一系列配套措施。首先，引入援助政策，该政策以回收设施场地及再使用体制为基础制定，明确了对促进资源回收设备的融资制度与税制优惠措施。其次，制定了品质保证制度、押金制度等相关制度，制度层面的完善使其成为推动容器包装物回收利用的重要动力。

（二）重视第三部门参与

在推动容器包装物的回收利用方面发挥重要作用的第三部门主要是日本容器和包装再生利用协会。为进一步推进容器包装物的回收再利用，在《容器包装再生利用法》颁布之后，日本厚生劳动省、经济产业省、财务省、农林水产省等四省政府部门授权成立了日本容器和包装再生利用协会。该协会通过与指定的商业机构、市政管理部门和容器包装物再生利用

者之间签订容器和包装废物的再生循环利用协议，达到容器包装废弃物资源化的目的，从而最终保护日本环境和促进国内经济持续健康发展。

日本容器和包装再生利用协会的主要工作分为三个部分：一是开展容器包装物的回收活动；二是收集并提供相关信息以增强民众的环保意识；三是与国内外相关组织交流合作。该协会在开展回收活动时，除按照市政分类标准从事相关回收业务与推行项目活动之外，还可以将回收业务外包。在进行宣传教育活动方面，该协会多采用举行简报会、在网站发布相关信息、制作小册子与 DVD 等多种渠道与手段让公众参与并加深了解。同时，与国内相关组织的互动和海外相关机构的信息交流可以帮助日本学习借鉴国际先进经验，提高容器包装物回收再利用的效率。例如，2007 年 6 月日本容器和包装再生利用协会对欧盟各国进行了实地调研，发现欧盟各国与日本在容器包装回收再利用方面最大的不同是日本对易回收的废塑料单独进行了处理，而原因在于其对一般废塑料的特点认识不足。此后，日本针对回收过程中的相关技术做了改进。日本容器和包装再生利用协会作为第三部门，实质上已成为容器和包装生产者、公众和政府之间的一个重要纽带，甚至在一定程度上代替政府承担了一部分管理职能，是日本容器和包装废物回收体系的一个重要环节。

（三）容器包装物回收再利用流程

《容器包装再生利用法》规定了容器包装物回收再利用完整的流程为：特定经营者销售使用容器包装的商品、消费者分类排放、市町村分别收集、再利用经营者实现容器包装的再利用。其中，特定经营者的容器包装再商品化义务，是指容器包装的制造者与容器包装的使用者及再利用经营者同样承担容器包装再利用义务，由日本容器和包装再生利用协会以招标的方式确定产生。在整个回收流程中，日本容器和包装再生利用协会虽未直接参与容器包装废弃物的回收，但却是连接各责任主体的重要纽带和管理实体。日本容器和包装再生利用协会一方面与市町村签订容器包装废弃物收集合同，确保市町村能够按合同规定将收回的废弃物分类交付于再商品化经营者；另一方面日本容器和包装再生利用协会向特定经营者收取再商品化费用，以交付委托处理费的方式将费用交付给再商品化经营者，使其具备处理资金（图 4-1）。能够进行回收再利用的容器包装主要分为玻璃瓶、PET 瓶、纸容器包装、塑料容器和金属五大类，它们的回收方法、回收后再商品化的产品情况在《容器包装再生利用法》中也都做了详细规定。

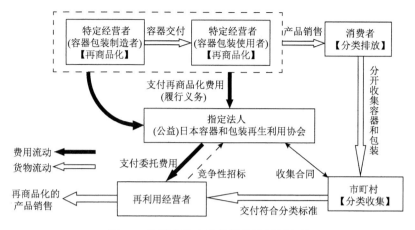

图 4-1 容器包装废弃物回收再利用流程

资料来源：根据日本经济产业省网站公布的法律资料《容器包装再生利用法》整理而成

三、容器包装物回收再利用成效

容器包装物种类繁多，根据《容器包装再生利用法》的规定可分为玻璃瓶、PET 瓶、纸容器包装、塑料容器和金属五大类，每一大类下又分若干小类。1997 年实施再商品化以来，玻璃瓶、纸容器包装、PET 瓶、塑料容器、金属 5 大类产品的再商品化率都有了很大的提高，基本实现了完全再商品化。日本环境省公布的数据显示，1995 年以来，日本容器包装废弃物的回收再利用率不断提高，且 2005 年之后均保持在较高水平，玻璃瓶、PET 瓶、金属的再回收利用率均达到 95% 左右，同时塑料容器与纸容器包装的再回收利用率也在 60% 左右。从回收再利用产品类别来看，玻璃瓶、PET 瓶、金属的再回收利用率均要高于塑料容器与纸容器包装的再回收利用率，这是产品自身属性特征不同导致的，塑料包装与纸容器包装废弃物种类混杂、形态各异，不能按单一品种进行收集，且塑料容器废弃物回收用途有限、回收重用性能较差、经济效益较低，故而回收再利用效率相对偏低。截至 2015 年，日本的玻璃瓶、PET 瓶、金属的回收再利用体系已逐渐成熟，而塑料容器与纸容器包装的回收再利用技术还有待提高，完善进步空间较大。

为了提高容器包装废弃物的回收和再利用效率，日本近年来尝试推行容器规格统一化措施。例如，日本酒造组合中央会①、日本生活协同组合联合会②等组织曾尝试将一部分统一规格瓶引入市场，对推行容器规格统

---

① 日本酒造组合中央会是日本酒生产厂家的全国性行业组织，包括全日本 47 个都道府县的酿酒组合。

② 日本生活协同组合联合会是日本最大的消费合作组织。

一化做出了积极有益的尝试。但是，企业强烈的品牌意识及出于保持产品差异化竞争力等因素的考量，使得容器规格统一化措施推行难度较大，至今尚未得到大范围推广。

第二节　家电产品回收再利用及成效

一、家电产品回收再利用现状

1956—1973 年为日本经济高速增长时期，先后出现了以洗衣机、黑白电视机和电冰箱为代表的"三大神器"，以及以彩色电视机、空调和汽车为代表的"新三大神器"，这些家用电器的出现和逐渐普及，标志着日本进入家电"大量生产、大量消费"的时代。20 世纪 80 年代，日本家用电器的普及率已经超过 90%。日益多元的国内、国际市场需求促使家电产品不断更新换代，这也奠定了日本作为家用电器生产大国和消费大国的地位。与此同时，大量废弃的家电使得日本国内许多地方出现"垃圾围城"的现象，家电回收及再利用成为亟待应对的严峻问题。

二、家电产品回收再利用实践及特征

为实现废弃家电的有效再生利用，在一部基本法和两部综合性法律的指导下，2001 年，为推进和实现废弃大型家电的回收及再商品化，日本政府颁布了一部专门法——《家电再生利用法》。《家电再生利用法》对废弃家电的回收条件与流程、责任义务与回收原则、指定法人制度与回收券制度等做出了明确规定。

（一）回收条件与流程

《家电再生利用法》明确规定了需要进行回收再生利用的产品对象必须符合四个条件：第一，难以在市、町、村的技术条件下被合理处置；第二，能够以合理成本回收其中的有效资源；第三，该产品的回收利用对资源再生有重要影响；第四，消费者采用以旧换新方式购买新产品的比例较高。根据以上四个条件，该法确定了空调、电视机、电冰箱和洗衣机等四类大型家电最适合进行回收再生利用[①]。

家电再生利用旨在促进零售商与制造企业对废弃家电进行回收、运送与再商品化，通过防止废物产生与充分利用再生资源，确保废弃物的合理

---

① 2009 年 4 月起实行的修订版《家电再生利用法》在电视机类别中增加液晶及等离子电视，在洗衣机类别中增加干衣机，并提高了原先关于对象产品的"再商品化率"目标。

处置和有效的资源回收利用。从生产者责任延伸和污染者付费的角度出发，遵循"谁消费，谁买单；谁出售，谁回收；谁生产，谁处理"的原则，改变日本以往由市町村负责处理并再生利用家电废弃物的做法，使家电的生命周期形成一个完整的闭环（图4-2）。

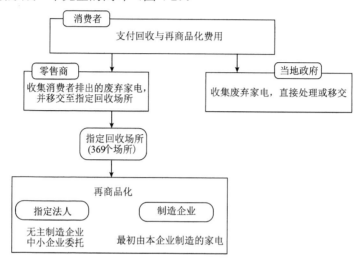

图 4-2　家电回收再商品化流程
资料来源：根据日本家电制品协会网站的相关资料整理而成

（二）责任义务与回收原则

《家电再生利用法》明确规定了相关方的权利与义务。首先，从"谁消费，谁买单"的原则出发，家电的消费者作为废弃家电的排出者，需承担废弃家电运输费用和再商品化费用。明确家电消费者的义务有助于降低消费者更换产品频率，延长产品使用寿命，从源头上减少废弃家电的需求量。其次，根据"谁出售，谁回收"的原则，家电零售商需承担受理和移交废旧家电的义务。相关法律规定零售商可通过两种方式履行义务。一方面，零售商可通过以旧换新的传统促销方式回收废旧大型家电；另一方面，零售商对自己出售给消费者的家电负有回收责任。在回收时，零售商可向排出者收取运输费和再商品化费。回收完毕后，零售商应将未被二次利用的回收产品移交至生产厂商指定的回收场所。最后，根据"谁生产，谁处理"的原则，家电生产厂商有义务将废弃家电进行处理和再商品化。但是，为了保证经济效益，生产厂商通常把废弃家电交给专门的再生利用场所进行处理。再生利用场所在接管废旧产品的同时，可从生产厂商手中间接收取消费者支付的再商品化费。该法律规定，运输费和再商品化费由零售商和产品生产商分别决定，且不得超出合理范围。进口的家电产品，由家电制品协会确定其回收再利用费用金额。

（三）指定法人制度与回收券制度

为了保证法律的有效实施，《家电再生利用法》设立了指定法人制度，主管大臣（即部长）指定财团法人家电制品协会为"指定法人"。指定法人的职责是在相关方无法履行分内职责时，代替相关方履行相应职责。例如，在制造商因倒闭无法承担再生利用等义务时，代替其对废弃的家电产品实施再生利用；应中小制造商及进口商的委托，对废弃的家电制品实施再生利用；对于没有能力将废弃家电移交至制造商的市町村，指定法人可以受托将废弃家电移交至指定地点。

此外，日本在废弃家电的回收和再利用过程中，独具创新特色的一点是制定了家电回收券制度。为方便消费者监督家电生产厂商履行再商品化义务，日本家电协会专门设立了管理单据中心，并由该部门向消费者发放家电回收券。家电回收券分为三联，对应的是每台废旧家电回收过程中所涉及的三个相关方，消费者、零售商、生产厂商各持一联。零售商和生产厂商在收到并填制完回收券后，均需备案以便日后消费者随时查询废弃家电的去向和再商品化情况。

家电回收券通过零售店和邮局两个渠道发放。在零售店渠道中，日本家电协会专门设立了管理单据中心将管理单据发放给零售商并备案。消费者在把废弃家电移交给零售商时收到一联回收券。零售商在履行其移交义务时，将剩余两联分别用于留存和交给制造商。邮局渠道的操作程序是，日本家电协会专门设立的管理单据中心将三联管理单据发放给邮局，由消费者自行购买，在交付废弃家电时将后二联单据交给零售店（图4-3）。

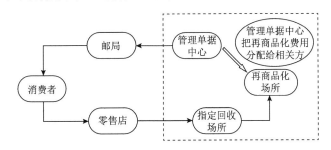

图 4-3　家电回收券经邮局操作流程
资料来源：根据日本家电制品协会网站的资料整理而成

三、家电产品回收再利用成效

法律对废弃家电的再商品化率有明确的规定：空调和洗衣机的再商品

化标准最高，分别为 80% 和 82%；其他依次为冰箱 70%、显像管电视 55% 和液晶电视 74%（朴玉，2012）。《家电再生利用法》实施以来，日本废弃家电回收再利用成效显著。

（1）四类家电回收数量大幅增加。日本环境省的统计数据显示，日本在 2010 年达到了大型家电回收量的"高峰"（图 4-4）。2012—2017 年，每年回收废弃家电的数量基本保持在 1000 万台左右，并呈现出逐年略微下降的趋势。回收数量趋势呈现为稳中略降的原因在于：一是废弃家电回收数量基本饱和，即在现有条件下，所有应该回收的废弃家电都已基本被回收；二是家用电器使用期限增加、更换频率的下降促使废弃家电数量呈下降趋势。

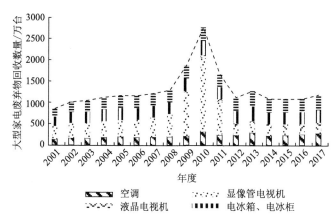

图 4-4　2011—2017 年日本大型家电废弃物回收数量
资料来源：根据日本经济产业省网站资料整理而成

（2）四类家电废弃物再商品化率逐年上升。《家电再生利用法》实施以来，日本四类大型家电废弃物的再商品化率逐年上升，并于 2014—2017 年基本趋于稳定。该法实施之初，空调的再商品化率仅为 78%，2017 年上升为 92%。四大家电中再商品化率提高最大的是洗衣机、干衣机，从 2001 年的 56% 上升到 2017 年的 90%。其次是冰箱、冰柜，17 年间提升了 21 个百分点。2009 年开始出现的液晶电视机的再商品化率同样逐年提高，2017 年达到了 88%。唯一例外的是显像管电视机再商品化率呈现波动趋势，并于 2008 年开始呈现下降的趋势，这与液晶电视机的出现有关。随着科技的进步和人民生活水平的不断提高，人们对收讯效果较好的液晶电视机更加青睐，故而显像管电视机的使用量和回收量都有所下降，导致了其再商品化率下降。如图 4-5 所示，截至 2017 年，空调、液晶电视的再商品化率均达到 90% 左右，超过了日本环境省设定的预期目标，充分实现了废旧商品的"物尽其用"。

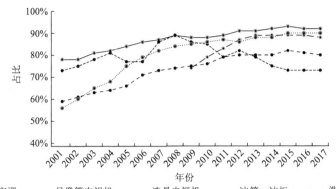

图 4-5 2001—2017 年日本大型家电再商品化率

资料来源：根据日本经济产业省网站资料整理而成

（3）涌现回收处理技术创新和环保设计潮。随着《家电再生利用法》的实施，回收处理技术创新和生态友好型产品设计在日本家电行业掀起了一股热潮。日本有 40 多所再商品化机构积极探索更加有效的回收处理技术，引进新的处理设备，将人工拆解与设备处理相结合，很快在金属及玻璃的回收和资源化利用方面取得了突破性进展，使得家电的再商品化率远远超过了法定再商品化标准。与此同时，"谁生产，谁处理"原则促进了家电生产企业积极研发便于回收的生产组装技术。生态友好型产品设计推动了零部件的标准化，减少了像螺丝这样的细小零部件的使用，使得组件更易拆解及分别处理。如何在设计和制造新家电时就考虑到日后易于拆解、回收再利用，已经成为家电生产厂家的一项重要课题。一些生产厂商甚至让制造车间的设计人员到废旧家电的拆解再利用环节进行体验。这种把家电产品生命周期末端与源头有机联系起来的思路和做法，为探索生态友好型的产品设计提供了有效途径。

（4）氟利昂等有害物质得到了有效回收。日本环境省统计，2017 年空调中氟利昂的回收量为 1835 吨，平均每台空调回收 652 克。对于冰箱和冰柜，作为制冷剂的氟利昂回收量为 183 吨，平均每台机器回收量为 62 克。氟利昂的回收不仅具有经济效益，更重要的是有助于保护臭氧层，有助于推动环境的可持续发展。

第三节 建筑垃圾回收再利用及成效

一、建筑垃圾回收再利用现状

近年来，日本垃圾排放量的不断增加给垃圾处理厂带来了很大的压力，垃圾处理问题面临严峻的挑战。其中，新建、改建和拆除建筑产生的建筑垃圾占日本全部垃圾排放量的比例较高。日本环境省的统计数据显示，2000年前后，混凝土块、沥青混凝土块、建筑产生的木材垃圾等占产业整体排放垃圾的20%，其中有60%属于违法乱扔。日本现有的建筑物主要是在20世纪60年代经济高速增长期建成的，这些建筑物逐渐到了更新、维修、重建的年限。因此，可以预测，今后日本的建筑垃圾将呈现出快速增长的态势。

为解决建筑垃圾问题，日本政府从20世纪60年代末就开始探索建筑物再生利用问题，并制定了相应的法律法规及政策措施，主要包括：1970年制定的《废弃物处理法》、1977年制定的《再生骨料和再生混凝土使用规范》、2002年制定的《建筑废弃物再生利用法》等。1991年制定的《资源有效利用促进法》规定建筑施工过程中产生的渣土、混凝土块、木材、金属等建筑废弃物，必须送往再资源化设施处进行处理。同时，日本建设省规定在公共工程中，当工程现场在再资源化设施一定范围内时，原则上一定要把建筑废弃物运至再资源化设施处，进行建筑废弃物的重新利用。随着有关建筑物再生利用法律的出台和实施，2005—2007年，日本又先后发布了《混凝土用再生骨料H》（高品质）、《使用再生骨料L的混凝土》（低品质）、《使用再生骨料M的混凝土》（中品质）的国家标准，为再生骨料的推广应用提供了必要的技术支持和技术保障。在行之有效的法律法规和行业标准的保障下，日本建立了建筑垃圾回收再利用体系，通过分类回收、主体责任划分和再资源化处理等手段对建筑垃圾实施零排放处理，使日本建筑垃圾资源化率从1995年的42%提高到2012年的96%。

二、建筑垃圾回收再利用实践及特征

在日本政府推行的针对建筑垃圾回收再利用的众多法律法规和行业标准中，2002年颁布的《建筑废弃物再生利用法》最为完善。该法对建筑垃圾的定义与分类、回收再利用的流程及不同主体责任的划分均做出了明确的规定，旨在确保资源得到有效利用，使建筑垃圾得以再资源化和再生利用。下文以《建筑废弃物再生利用法》为基础从日本对建筑垃圾的定义

和分类、建筑垃圾回收再利用流程、建筑垃圾回收再利用措施等三方面概括了日本建筑垃圾回收再利用的实践及特征。

（一）建筑垃圾的定义和分类

日本将建筑施工过程中产生的建筑废弃物、建筑砂土及其他有价物统称为建筑副产品，并根据《废弃物处理法》和《资源有效利用促进法》对建筑副产品进行了详尽的界定和分类。如图4-6所示，日本首先将建筑副产品分为建筑废弃物、建筑砂土及其他有价物。然后从可否再生利用的角度将建筑废弃物分为危险有害物和可再生利用物，其中后者包括沥青混凝土块、混凝土块、建筑废弃木材、建筑污泥、建筑混合废弃物等。这种分类方式有以下优势：一方面，基于不同材料的有用性和有害性进行分类的方式可使建筑垃圾的潜在价值最大化，充分实现"物尽其用"和"变废为宝"；另一方面，便于日本环境省和国土交通省对各种类型的废弃物分别制定明确的回收目标及统计回收再利用成效。

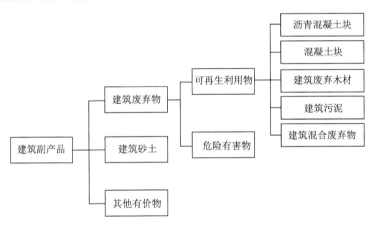

图 4-6　日本建筑副产品分类
资料来源：根据日本环境省网站资料整理而成

（二）建筑垃圾回收再利用流程

如图4-7所示，日本根据建筑施工的不同环节将建筑垃圾的回收再资源化分为分解回收环节和再资源化环节，同时根据《建筑废弃物再生利用法》对不同主体的要求将分解回收环节和再资源化环节分为事前手续、施工、处理和事后报告四个阶段。通过对上述两个环节和四个阶段的严格管理，减少了建筑废弃物产生量，实现了建筑废弃物的再生利用。

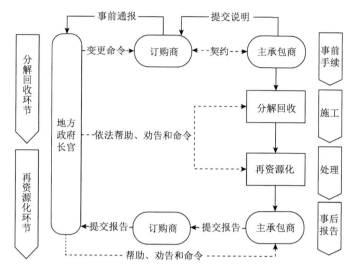

图 4-7   日本建筑垃圾回收再利用流程

资料来源：根据日本国土交通省网站资料整理而成

首先，《建筑废弃物再生利用法》规定有意愿成为建筑工程拆除承包商的人需向具有管辖权的地方政府长官提交报告，在获得登记拆除承包商资格后方可从事建筑拆除业务。其次，该法第 10 条规定主承包商需要在新建和拆除工程开始的一周前向地方政府长官通报施工开始时间和过程、新建工程使用特定建筑材料的类型、拆除工程计划、拆除建筑物所用建筑材料的再利用前景等，待地方政府长官同意后方可依据计划开展对建筑分解回收作业和对建筑垃圾的再资源化处理。再次，在施工和处理的各个阶段中地方政府长官对承包商进行监管，并有权依法帮助、劝告和命令承包商整改不符合计划的行为。最后，主承包商和再生建材的订购商还需向地方政府长官报告建筑垃圾的回收和再资源化情况。此外，《建筑废弃物再生利用法》还规定国家机关和地方公共部门在新建与拆除工程时也需依据本法第 10 条的规定提前向地方政府提交报告。

（三）建筑垃圾回收再利用措施

"凡事预则立，不预则废。"日本在建筑废弃物的分解回收环节就要求企业在新建和拆除工程前向地方政府长官提交报告，由地方政府长官对项目进行审查、备案，在完成一系列事前手续后才可有资格新建和拆除工程。日本政府确立了建筑废弃物分类回收制度以规范再生建材市场，以及实行建筑废弃物处理的准用许可制度，明确了相关企业的责任与入行准则，从源头控制建筑废弃物的产生。例如，《建筑废弃物再生利用法》规定，建筑物的施工单位在新建、扩建或拆除建筑物时满足以下四个条件之一的事项必须事先向地方政府长官通报，并依法施工。四个条件是：第一，拆除建筑物面积在 80 平方米以上的；第二，新建或扩建建筑物面积在 500 平方米以上的；第三，建筑物的维修改造金额在 1 亿日元以上的；第四，建筑物拆除及新建金额在 500 万日元以上的。

在再资源化环节，日本在建筑废弃物的分类回收体系基础上要求国家机关和地方公共部门在参与新建和拆除工程时必须使用再生建材，并鼓励企业使用再生建材。根据《资源有效利用促进法》和《绿色采购法》的规定，日本政府要求公共设施和建筑中必须使用再生材料，并尽量购买对环境无污染的绿色建材。同时，《绿色采购法》还规定了工程项目中必须使用建筑废弃物再生建材的种类与比例，要求公共建筑必须使用建筑副产品作为原材料，明确表示未按规定使用者将受到处罚。

在《建筑废弃物再生利用法》实施之初，日本建筑垃圾的非法丢弃现象严重。为保证建筑垃圾的妥善处置，日本政府制定了建筑垃圾传票制度。建筑垃圾传票制度规定产业废弃物排放者有义务发行、回收及核对传票，并明确规定了排放者完成处理义务的具体流程。这种"可视化"的建筑垃圾传票由 7 联复写纸组成，分别由回收再资源化流程涉及的三个主体（排放者、收集运输者和处理者）持有。首先，当排放者将建筑垃圾交付给收集运输者时需将相应的传票交给收集运输者，待收集运输者将建筑垃圾运输至处理者处时将对应传票返还排放者。其次，处理者在收到建筑垃圾的同时也会收到剩余的传票，在完成建筑垃圾的再资源化处理后将一联传票返还收集运输者。最后，待处理者完成再资源化处理后，排放者会收到处理者发来的最终处理完成的传票。至此，整个"可视化"的建筑垃圾回收再资源化流程结束。这种传票制度使建筑垃圾在回收、运输、再资源化的各个环节都有迹可循，在很大程度上遏制了非法丢弃现象，有利于政府主管部门掌握建筑垃圾的数量、品种和处理情况等信息。

三、建筑垃圾回收再利用成效

《建筑废弃物再生利用法》对建筑垃圾的分类方式、回收再利用流程做出了具体规定，使不同主体在分解回收和再资源化的各个环节都有章可循，有效提高了新建、返修和拆除建筑物依法回收的数量，在很大程度上遏制了建筑垃圾非法丢弃现象。日本国土交通省每 6 年公布一次《建筑回收促进计划》，该计划汇总了日本建筑垃圾回收再利用的成效。

（1）回收再资源化施工数量保持稳定。日本环境省和交通产业省的历次统计表明，日本自《建筑废弃物再生利用法》实施以来，总体上依法推行回收再资源化的建筑施工数量保持稳定,其中民间建筑物数量缓慢增长,国家机关及地方公共部门建筑数量小幅下降,注册的建筑垃圾承包商数量稳步增加。如图 4-8 所示,2002 年以来民间建筑物依法施工数量趋于稳定,2007—2009 年受国际金融危机的影响出现小幅下降,此后基本保持在每年 25 万~30 万件。从依法施工建筑物的构成看,主要以拆除建筑物为主,约占全部施工建筑物的 70%。每年新建和翻修建筑物相较于立法之初数量也有所增加,但占民间建筑总体比重较小。受《建筑废弃物再生利用法》和《绿色采购法》的影响,2002 年以来国家机关及地方公共部门依法施工的建筑物数量缓慢减少,在 2010 年后趋于稳定。如图 4-9 所示,近年来在国家机关及地方公共部门主导的施工建筑中有超过九成属于土木工程施工。此外,根据《建筑废弃物再生利用法》关于注册拆除承包商的规定,注册系统自 2001 年 5 月启动以来,注册人数稳步增加,2006 年 5 月已达到约 8400 人。之后,注册人数基本稳定,截至 2016 年注册人数达到约 1 万人。

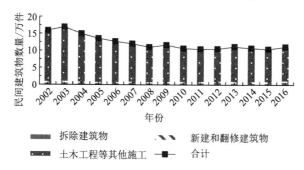

图 4-8　2002—2016 年依法施工的民间建筑数量

资料来源:根据日本国土交通省网站资料整理而成

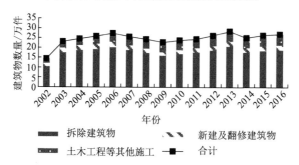

图 4-9　2002—2016 年依法施工的国家机关及地方公共部门建筑物数量

资料来源:根据日本国土交通省网站资料整理而成

　　(2)各类废弃物基本完成动态调整的预期目标。《建筑废弃物再生利用法》依据资源的有用性将建筑废弃物分为混凝土块、沥青混凝土块、建筑废弃木材、建筑污泥和建筑混合废弃物等。而历年发布的《建筑回收促进计划》对这些可再生利用品分别制定了动态调整的预期回收目标。如图4-10 所示，进入 21 世纪后日本建筑垃圾中的混凝土和沥青混凝土再资源化率已达到很高水平。根据 2014 年颁布的《建筑回收促进计划》对建筑垃圾中混凝土块和沥青混凝土再资源化率提出高达 99%的目标。相比之下，建筑污泥和建筑砂土的再资源化成效更为明显。2000 年建筑污泥和建筑砂土的再资源化率分别只有 60%和 85%。随着再资源化率的提高，日本环境省和交通运输省不断提高建筑污泥和建筑砂土的预期再资源化目标。综合分析全体建筑废弃物的再资源化情况发现，日本政府统计的全体建筑废弃物的再资源化率及其预期目标均稳步提高，历次《建筑回收促进计划》设定的全体建筑废弃物再资源化目标均得以实现。

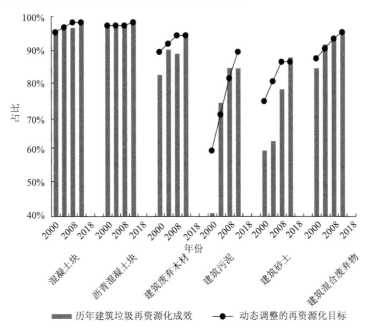

图 4-10　日本建筑垃圾再资源化目标及成效

资料来源：根据日本国土交通省网站资料整理而成

综上可知，从历次《建筑回收促进计划》设定的再资源化目标和不同种类建筑垃圾的实际再资源化情况看，各类建筑垃圾均达到了再资源化目标。但是，目前在日本建筑垃圾回收再利用进程中也面临着诸多问题与挑战。首先，对不受《建筑废弃物再生利用法》约束的小规模建筑物的拆除回收缺乏妥善安排，而这部分建筑垃圾正成为非法丢弃的重灾区。其次，缺乏对含有石棉等有害物质建材回收再利用的保障体系。最后，某些具有地域特色的建筑废弃物不在传统分类回收再资源化之列，如果单独回收难以形成规模效应，需要根据地方建材特点因地制宜地灵活调整。未来，日本环境省和交通运输省将着力解决上述问题。

第四节　食品垃圾回收再利用及成效

一、食品垃圾回收再利用现状

日本食品垃圾处理经历了从初期的简单分类处理到现今的循环利用，整个过程大致经历了简单分类处理、混合填埋处理、混合焚烧处理和循环利用等四种模式。

为了改善公共环境，预防疾病的传播，日本于20世纪初颁布了《污物扫除法》，该法明确规定了废弃物收集与处理的方法。在法律的指导下，日本在全国范围内建设废弃物回收站，对废弃物进行集中回收，之后由人工将废弃物分为食品垃圾和非食品垃圾。其中，食品垃圾进行堆肥处理后用于农业生产，非食品垃圾则进行掩埋处理。在《污物扫除法》基础上，日本政府于1954年出台了《清扫法》。在该法的指导下，日本在全国范围内推广有机垃圾堆肥处理技术。但是，堆肥技术普及率较低、堆肥技术不成熟导致堆肥效率低下。

二战后，日本国民经济获得了飞速的发展，人们生活水平不断提高。同时，大量农村人口涌向城市，城市化水平快速提高。但是，其也引发了城市垃圾大量堆积的问题。随着经济的快速发展，生产工艺和产品种类日趋多样化，城市垃圾的结构和成分也越来越复杂。此时，垃圾简单分类处理模式由于效率低、实际操作性不强，逐渐被混合填埋处理模式取代。随着东京湾垃圾填海事件①的发生，混合填埋处理模式暴露出较大缺点：第一，日本国土资源有限，可填埋用地逐渐枯竭；第二，工业垃圾和城市垃圾混合填埋处理，严重危害生态环境。

随着东京湾垃圾填海被迫停止，可用于填埋的用地日渐枯竭。日本政府开始将垃圾混合焚烧作为城市垃圾处理的主要模式。这一模式一直沿用

---

① 1957年，垃圾混合填埋处理模式的发展导致日本可填埋用地逐渐枯竭，生态环境恶化，因此日本政府决定将东京湾附近的一个海水浴场改为垃圾填埋场，处理过量产生的城市垃圾，这可缓解可填埋用地的紧张。这种做法持续到1967年，城市垃圾填海形成了一座"垃圾岛"，给周边海洋渔业和生态环境带来了严重污染。在日本民众的反对下，日本政府最终停止垃圾填海行为，重新修复周边生态环境，并最终将这座"垃圾岛"改建成了公园。

到今天。现阶段，日本政府在转变城市垃圾处理模式的同时，一方面建立并完善相应的法律、政策，为推进日本食品垃圾循环利用保驾护航；另一方面围绕"3R"原则制定了食品垃圾循环利用的具体措施，旨在通过这些措施促进日本食品垃圾循环利用。

二、食品垃圾回收再利用措施

作为世界上循环经济和食品垃圾循环立法最完善的国家之一，日本通过建立和完善相关法律法规体系，为食品垃圾循环利用营造了良好的社会环境。同时，围绕"3R"原则制定各种具体措施促进了日本食品垃圾循环利用体系的形成，最终实现了经济社会的可持续发展。

（一）专门法律措施

在一部基本法和两部综合性法律的统领下，2000年6月日本制定了《食品再生利用法》，并于2007年6月进行了修订。从分类来看，《废弃物处理法》将废弃物分为一般废弃物和产业废弃物两大类，其中食品垃圾属于一般废弃物。更进一步看，食品垃圾根据来源可进一步分为一般食品垃圾（来源于食品生产和流通企业）、餐厅食品垃圾（来源于宾馆、饭店和大型餐厅）和厨房食品垃圾（来源于居民家庭）三类。

《食品垃圾再生利用法》明确规定了政府、大型企业、家庭、垃圾回收公司各主体的责任与义务。首先，该法规定地方政府负责建设食品垃圾回收设施、制订该地区食品垃圾处理计划。地方政府以委托的形式委托垃圾回收公司处理厨房食品垃圾，包括分类收集、运输及最终处理；以许可的形式许可垃圾回收公司处理企业系统的一般食品垃圾。为配合垃圾循环利用的推进，该法要求建立企业申报、审批和食品垃圾循环利用检测标准。该法明确了政府对审批备案的垃圾循环利用企业负有监管职责，相关主管部门依据食品垃圾循环利用检测标准为企业提出建议。其次，该法规定企业必须对其产生的食品垃圾进行分类，自行收集并且运输到垃圾回收公司或者委托具备许可资格的垃圾回收公司处理，同时根据食品垃圾的类型和数量支付相应的费用。再次，家庭产生的厨房垃圾具有分布广、单位数量小的特点，这增加了食品垃圾收集工作的难度。因此，日本政府在鼓励公众珍惜粮食、提高食品利用率的同时，鼓励公众将厨房食品垃圾分类后，对其中一部分进行堆肥处理，不宜进行堆肥处理的按照规定的时间自行送到食品垃圾回收站，再由垃圾回收公司统一回收。最后，由垃圾回收公司负责集中处理食品垃圾，主要包括将食品垃圾制成肥料和饲料、将食用油提炼成生物柴油、制作可降解塑料等。

（二）减量化措施

日本政府鼓励企业积极研发新工艺使剩余食材得以充分利用。在减少食品垃圾产生和食品垃圾循环利用的基础上，日本还注重对不能进行循环利用的食品垃圾进行减容处理。例如，垃圾场填埋食品垃圾之前，利用有害成分去除技术、无机成分再生利用技术等对食品垃圾进行减容化处理。

（三）再资源化措施

垃圾可视为错置的资源，日本政府大力支持企业围绕食品垃圾再资源化进行创新，一些企业相继推出了诸多创新举措。第一，部分食品垃圾可被制成可降解塑料。与以淀粉为原料生产可降解塑料相比，以食品垃圾为原料的生产成本大幅下降，且随着技术的成熟，在生产农业薄膜等方面得到了大量的应用。第二，日本许多企业将食品垃圾进行堆肥化处理。第三，运用各种技术将食品垃圾制成饲料。饲料化处理技术经过多年的研发和应用，现已成为食品垃圾处理相对成熟的技术之一，在日本得到了广泛的推广和应用。食品垃圾经过送料、粉碎、分选、预热、减压、加热脱水、干燥、固有分离等环节，含油部分经过沉淀和提炼可以作为生物柴油或肥皂的生产原料，剩余固体部分经过压缩后出售给饲料厂制成饲料。

（四）再能源化措施

食品垃圾具有生物质能属性，故可以实现能源化利用。具体做法是：将食品垃圾发酵后产生的沼气输送到热电联产设备，其产生的热能循环返回沼气发酵池，保温的同时还能提高产气效率。沼气产生的电能一部分自用，剩余部分可出售给电力公司，剩余的沼液和沼渣经过二次处理达到排放标准后，排放到公共下水道。食品垃圾沼气发电技术对于食品垃圾的种类、质量要求较高，因此，食品垃圾分类为其能源化利用奠定了重要基础。例如，废弃食用油如果回收、处理得当可被制成生物柴油。日本政府通过颁布法律和市场指导相结合的方式，使废弃食用油得到了较好的回收和利用。《食品再生利用法》明确规定，餐饮企业和家庭部门不能将废弃食用油直接排放到下水道，需将废弃食用油与其他食品垃圾分开保存，定期自行送到废油回收站。日本政府为了鼓励餐饮企业和家庭部门对废弃食用油的分类与回收，在许多城市增加了废油回收站的数量。垃圾回收公司对废弃食用油进行统一回收，然后转卖给政府，政府部门将废弃食用油提炼后制成生物柴油，提供给垃圾运输车使用。而垃圾运输车所需的燃料，如果按照市场平价购买，会大大高于生物柴油的价格。这样一来，日本政府通过价格杠杆增加了市场对生物柴油的需求。

三、食品回收再利用成效

在《食品再生利用法》颁布之前，日本政府对食品垃圾的实际情况做了调查，每年全国的生活垃圾总量为 5000 万吨，其中食品垃圾近 2000 万吨，相当于两年的稻米产量，主要包括家庭产生 1000 万吨、餐饮业产生 600 万吨、食品加工业产生 340 万吨、其他部门产生 60 万吨。《食品再生利用法》颁布之后，日本政府定期调查不同行业食品垃圾的实际情况。日本环境省的调查数据显示，2016 年日本食品垃圾总产量为 1496.40 万吨。其中，食品制造业产量为 1334.50 万吨，食品批发业产量为 11.40 万吨，食品零售业产量为 93.50 万吨，餐饮业产量为 57.00 万吨（表 4-1）。不难发现，加强食品制造业的垃圾回收将是日本提高食品再生利用率的关键。在《食品再生利用法》中，日本政府针对不同行业对食品垃圾制定了明确的再生利用率目标。食品制造业、食品批发业、食品零售业、餐饮业四个行业的再生利用率目标分别为 95%、70%、55%、50%。截至 2016 年，日本在食品再生利用方面取得了较大成效。由表 4-1 可知，其再生利用率分别为 96%、74%、55%、39%。仅有餐饮业的再生利用率（39%）未达到目标（50%），其他行业的再生利用率均达到当年目标水平。这也说明，对餐饮业中产生的食品垃圾回收再利用具有较大难度。得益于食品垃圾饲料化处理，日本畜牧业以环保饲料代替进口饲料，大大降低了日本畜牧业的成本。因此，政府将提高国产饲料的自给率列为食品垃圾再生利用的重要发展方向。

表 4-1 2016 年日本食品垃圾回收利用状况

行业	产生量/万吨	回收量/万吨	肥料/万吨	饲料/万吨	再生利用率	当年再生利用率目标
食品制造业	1334.50	1075.50	157.50	847.20	96%	95%
食品批发业	11.40	6.15	2.70	1.70	74%	70%
食品零售业	93.50	39.52	11.60	17.10	55%	55%
餐饮业	57.00	14.31	3.90	3.50	39%	50%
总计	1496.40	1135.48	175.70	869.50	—	—

资料来源：根据日本农林水产省网站资料整理而成

2008—2016 年日本农林水产省网站统计数据显示，日本食品废弃物产生量整体呈下降的趋势，其中约七成实现了再生利用。然而，如图 4-11 所示，从再生实施率来看，除了食品制造业保持在 93.0%～95.0%表现优异、食品零售业达成 45%的目标值以外，食品批发业五年的成果近乎持平，餐饮业虽从 28.5%上升到 39.0%，但离目标的 50%仍有一段距离。考虑到餐饮业的食品垃圾产生量近年来仅占总产量的 3.0%，餐饮业的食品垃圾回收率未达标并未对总体回收成效造成显著影响。

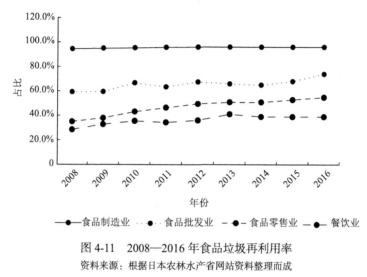

图 4-11　2008—2016 年食品垃圾再利用率
资料来源：根据日本农林水产省网站资料整理而成

第五节　汽车废弃物回收再利用及成效

一、汽车废弃物回收再利用现状

随着日本经济的复兴，以丰田汽车公司为代表的汽车生产企业获得了突飞猛进的发展，汽车产业也成了日本的支柱产业。1956—1973 年为日本经济高速增长时期，日本国民的消费状况发生了翻天覆地的变化，在此期间的伊奘诺景气（1965 年 11 月至 1970 年 7 月），日本国内出现了"新三种神器"，私家车快速普及。多年来，日本汽车产量一直居于世界前列。2009 年日本汽车生产销售量首次突破 1000 万辆，2015 年已达到 1432 万辆。依此速度推算，2020 年日本汽车的产销量可能突破 1.5 亿辆。同时，2009 年日本汽车报废量为 270 万辆，近年来每年报废量达 550 万辆，根据 2009 年的产销和报废比率推测，2020 年的报废车辆可能达到 900 万辆。汽车的普及在一定程度上为公众提供了交通的便利，但是对环境也造成了严重的影响。在报废过程中，由于报废方式的不同会产生不同的污染，而且其使用的整个过程也可能造成潜在的环境污染。

近年来，关于汽车尾气的排放问题越来越受到重视，PM2.5 等废气对环境及对人们的生活都造成了极大的影响，而且汽车在报废过程中也会产生大量的废弃物、油气污染、其他化学物质等，这些都可能对环境造成严重的破坏。如果处理不当或者随意焚烧，势必会对环境产生不可逆转的严重影响。

二、日本汽车回收再利用实践及特征

（一）汽车废弃物的管理

在日本，经济产业省、环境省主要负责制定报废机动车回收处理行业（主要是拆解企业及破碎企业）的准入要求；国土交通省及其下属各地方陆运支局负责机动车户籍管理；各地方政府（都、道、府、县）负责报废机动车回收处理行业的登记和准入审批；机动车回收利用促进中心（由经济产业省主管，日本机动车工业协会等九个单位于 2000 年 11 月成立）下设资金管理中心、信息中心、回收再利用支援中心，分别负责机动车回收处理中的资金管理、信息管理及对机动车生产商或进口商实施废弃物回收处置提供技术支持。

（二）专项法规的具体措施

2002 年日本国会通过了《汽车再生利用法》。在该法实施以前，日本报废机动车处理主要依据《废弃物处理法》《氟类回收销毁法》进行。《汽车再生利用法》明确规定了机动车生产商（包括进口商）承担氟利昂、气囊类和破碎后 ASR（即废弃物或废渣）的回收再利用责任，同时规定了车主应当缴纳一定数额的废旧汽车回收再利用费用，包括汽车的破碎、安全气囊的处理、管理车辆信息等费用。这项费用会纳入新车的销售价格中，一般由日本汽车生产商决定。汽车消费者在缴纳此项费用后可获得一张缴费凭证，没有缴费的汽车消费者所驾驶的车辆将无法通过年检。

日本政府于 2004 年修订了《汽车再生利用法》，从车辆登记、注销等各环节，加强了对更新汽车流向的信息管理，促进废旧汽车的回收、拆解及资源综合利用，同时提出了三个要求。第一，回收企业的备案要求。要求新设立企业提交备案申请书，同时具备掌握报废机动车车载空调方面的知识和熟悉氟类回收作业的人员。第二，氟类回收企业的备案要求。要求新设立企业提交备案申请书、有关氟类回收设备的所有权（或使用权）的证明文件、有关氟类回收设备的种类及功能的说明书，同时满足氟类回收标准、氟类运输标准等相关作业标准。第三，拆解企业的审批要求。拆解场地设施条件必须符合以下条件：①具有回收废油（不包括机动车燃料）和废液的装置；②为防止废油和废液渗入地下，拆解场地应采用钢筋混凝土地面或采取其他具有同等效果的措施；③为防止废油流出场地外，拆解场地应安装油水分离装置并修建连接该装置的排水沟。拆解场地应与保管场地分离，保管场地的条件要求与拆解场地要求类似。

（三）汽车废弃物的回收拆解流程

日本的废旧汽车回收拆解需要经历以下三个过程：首先是对废旧汽车进行回收，其次是通过人工和机器相结合的方式对废旧汽车进行拆解，最后是对拆解后的汽车零部件进行金属切削（破碎和分拣）。一般日本的废旧汽车都是由各个地区的汽车销售店和维修店进行回收的。这些废旧汽车会被重新评估并计算价格：如果该辆汽车还有使用价值，则在车主购买新车时给予一定优惠；如果该辆汽车已经失去了使用价值，则车主需要自行承担处理费用。各地的销售店和维修店将收集的废旧汽车运送到拆解企业进行拆解。首先，拆解企业会将一些对环境有害的车体材料进行拆解之后运送到专门的处理企业，如空调、废机油、电瓶等；其次，再进行更细致的分拣，将车体的钢材利用专业的设备压成块，方便运输和售卖，而另一些金属（如铜、铝）和塑料等产品则提供给其他用户使用；最后，还有约20%的混合物则运送到填埋场进行无害化填埋处理。

（四）汽车废弃物回收再利用制度的五大特征

日本的汽车回收再利用制度主要有以下五个方面的特征。第一，基于扩大生产者责任的原则构建回收再利用机制。在旧的汽车回收体系中，粉碎残渣成为回收再利用的阻碍因素。因此，在新的体系中扩大了汽车生产企业的责任，要求企业不仅要负责回收并处理粉碎残渣、氟利昂和安全气囊类废品，还要确保整个回收再利用体系的顺利运行。第二，有效利用现有的回收渠道。考虑到总体社会成本的经济原则，在建立新系统时充分利用现有的拆解厂、破碎厂等回收再利用渠道，使报废汽车作为有价资源流通，使参与汽车回收利用的各个单位都能获得收益，确保回收再利用工作的顺利开展。第三，通过征收回收再利用费，增强消费者保护环境的意识。不同于欧洲的由汽车生产企业来承担回收利用费用的体系，日本消费者在购买新车时需要缴纳回收再利用费，而已经投入使用的车辆在法律实施后

3 年内也需要开始缴纳回收再利用费。这样做的目的是让汽车消费者认可"谁报废，谁支付回收处理费用"的理念，从而增强其节约资源和爱护环境的意识。第四，有效利用汽车生产企业间的竞争和合作。由于回收处理费用是由汽车生产企业来设定的，而消费者在购买汽车时要考虑这项费用，因此汽车生产企业就不能随意设定费用。另外，报废汽车回收利用体系的实施、运行及统一回收物流渠道的建立等，也需要各企业之间相互协调。第五，建立公正、透明的电子清单制度。在信息管理方面，建立并运行了电子清单系统，通过互联网接收有关单位报废车的交接信息，即电子清单（移动报告）制度，并对这些信息进行统一管理。通过这一系统，政府对报废汽车回收、拆解、破碎等环节的信息有了全面的掌握并可对该过程进行有效监督。

三、汽车回收再利用成效

2015 年，日本汽车回收再利用率已经达到 95%。日本政府提出了到 2025 年实现报废汽车回收再利用率 100% 的目标。2015 年，日本报废汽车的回收企业约有 88 000 家，氟利昂处理企业约 23 000 家，拆解企业约 6000 家，破碎企业约 120 家，报废汽车的资源回收再利用率达到 80% 左右。自《汽车再生利用法》实施以来，废旧汽车回收成效表现在以下几个方面。

第一，废旧汽车回收量基本稳定，三类废弃物回收成效显著。日本环境省和汽车回收合作组织的统计数据显示，自 2005 年该法实施以来，日本废旧汽车的回收数量稳步增加，在 2009 年达到了 392 万台。随后汽车回收量缓慢下降，到 2016 年基本保持每年约 310 万台。日本废弃汽车回收处理的主要成分是汽车粉碎物、安全气囊、氟利昂等三类废弃物。2005 年至今，三类废弃物回收效果良好，再资源化水平显著提升。

第二，回收企业数量趋于饱和，回收系统良性运转。日本的汽车销售商、氟利昂处理企业、拆解和破碎企业等废旧汽车回收再利用企业数量基本稳定，并已趋于饱和。这种稳定的回收供求关系和企业数量形成了环环相扣的静脉产业，产业上的各个企业既是生产者又是需求者，互相合作以确保汽车回收再利用的推进。目前，日本废旧汽车回收、再利用已实现规模化经营和良性运转。

第三，非法废弃和不当存放现象明显减少。在《汽车再生利用法》实施以前，由于没有明确的回收责任划分和回收利用途径，非法废弃和不当存放现象普遍存在。《汽车再生利用法》明确了回收费用由汽车所有者支付，回收费用管理者有义务回收非法废弃的车辆。《汽车再生利用法》的出台显著降低了机动车非法废弃和不当存放的数量。

需要指出的是,《汽车再生利用法》实施以来也暴露出了以下问题。首先,二手车出口带来的污染转移问题。《汽车再生利用法》虽然显著提高了日本本土汽车的回收量,但缺乏二手车出口的相关规定,导致部分高污染、低使用价值的车辆出于经济效益被出口到了一些发展中国家。而相较于日本,这些发展中国家缺乏相应的回收再利用设备和技术,由此导致了严重的污染转移问题。其次,离岛非法废弃汽车问题。从该法实施的效果来看,在一些交通不便的偏远地区和离岛上,废旧汽车非法丢弃的现象仍较为严重。

第六节　小型家电回收再利用及成效

一、小型家电回收再利用现状

随着经济发展和科技进步,手机、数码相机、笔记本电脑、游戏机等小型家电废弃物的数量快速增加。在小型家电回收尚未立法以前,大部分废旧小型家电被地方政府简单地粉碎或焚烧后填埋处理,除铁和铝之外的大量的有用金属被随意废弃。随着小型家电废弃物数量的不断增加,国土面积狭小的日本难以新建更多的垃圾填埋处理场所。焚烧处理造成的有毒物质污染了大气、土壤和地下水,对居民生活和健康也会造成较大的影响。相较于小型家电废弃物,日本政府早在 2003 年就针对大型家电废弃物实施了《家电再生利用法》,此后日本 4 种大型家电废弃物的回收处理稳步发展,回收及再利用成效显著。基于上述原因,日本环境省和经济产业省从 2008 年开始紧锣密鼓地对小型家电中稀有金属的回收和处理展开深入研究。

学术界普遍认为废弃物的资源化利用应基本符合 4 个条件:①废弃物大量存在并得到回收;②废弃物中存在大量可利用的成分;③废弃物再生利用技术相对成熟;④经资源化利用后的产品可以满足市场需求。日本政府于 2011 年发布的小型家电回收再利用调查报告指出,日本废弃小型家电基本具备了回收再利用的条件。2012 年,日本颁布了《小型家电再生利用法》。2013 年,日本开始在全国范围内推行小型家电再生利用制度。随后,日本政府以《小型家电再生利用法》为基础,通过明确小型家电回收品种及方式、各级主体回收责任划分、回收流程和方式及配套的资质认证制度,构建了一套完善的小型家电回收再利用体系。小型家电废弃物回收再利用得到了广泛支持,地方政府积极参与,认证处理企业回收成效显著、创造了较高的经济效益。日本环境省公布的数据显示，仅 2016 年从回收到的小型家电废弃物中提炼出来的金、银、铜等资源就可被用于制造东京夏季奥运会和残奥会所产生的全部奖牌。

二、小型家电回收再利用实践及特征

本节从回收的主要品种、各级主体回收责任划分、回收流程和方式及配套的资质认证制度等方面梳理总结日本小型家电回收再利用的实践及特征。如表 4-2 所示，《小型家电再生利用法》中列出了 28 类产品，除《家电再生利用法》中的 4 种大型家电外，几乎涵盖了所有家电产品。日本环境省发现，回收企业经营范围如果超过 20 种会造成亏损，而从易于资源化及易于拆解的角度看主要有 16 个品种可以产生收益。因此，日本政府又从 28 类产品中选择 16 类"特定对象产品"①作为优先回收对象，在实际回收活动中地方政府根据各自情况因地制宜地从中选择回收对象。

表 4-2　《小型家电再生利用法》规定的 28 类产品

序号	产品种类	序号	产品种类
1	有线通讯机械器具、电话机、传真机	15	胶片式相机
2	无线通信机械器具、手机、小灵通	16	厨房用电器产品、电饭煲、微波炉
3	收音机、电视伴音接收机	17	调节空气用电器产品、电扇、电除湿机
4	影像机械器具、数码相机	18	衣料卫生用电器产品、电熨斗、吸尘器
5	音响机械器具、数码收听器、立体声录音机	19	保湿用电子产品、电靠椅、电暖炉
6	笔记本电脑	20	印刷装置、打印机
7	记忆装置、磁盘装置、光盘装置	21	电子按摩器
8	医用电子机械器具、电动吸入器	22	电动健身器材、跑步机
9	理容用电子产品、电吹风、电刮胡刀	23	园艺用电子产品、电动割草机、电锯
10	电子书阅读器	24	电子照明产品、日光灯灯具
11	电子钟和电子手表	25	显示装置、显示器
12	办公用电子机械、电子计算器	26	电子乐器
13	电子及电动玩具、游戏机	27	电动缝纫机
14	计量测定用电子机械器具、周波频谱仪	28	电动工具、电动磨光机、电钻

资料来源：根据日本经济产业省网资料整理而成

---

① 日本政府选择的 16 类"特定对象产品"除了表 4-2 中序号第 1 类至第 13 类产品之外，还包括影像播放产品、汽车配件、相关产品的附属配件等 3 类，共计 16 类。

《小型家电再生利用法》对国家、地方政府、制造商、零售商、消费者等主体的责任做出了明确的规定。第一，国家应为废旧小型家电的收集、回收提供必要的资金、信息和技术支持，并通过宣传教育等方式，加深公众对废弃小型家电收集、运输和再利用的认识。此外，国家还需为认证处理企业提供资质审核、指导，以及监管和取消不合格回收企业的资质。第二，47 个都道府县应努力向地方政府提供必要的技术支持，使地方政府能够充分履行义务。地方政府应结合当地特点制定差异化的回收家电种类和回收方式，然后采取措施分类收集废弃小型家电，并交给认证处理企业或其他可以妥善实施回收的机构。第三，基于生产者责任延伸原则，法律规定制造商应该在小型家电的设计、零部件和原材料的选取环节注重降低回收再利用成本，并尽量选用经回收后的再生物质作为原材料进行生产。第四，零售商有义务协助消费者正确扔放废弃小型家电，协助地方政府和认证企业做好回收活动。第五，消费者应分类扔放废弃小型家电，将废弃家电交给可妥善收集、运输和回收的企业。

《小型家电再生利用法》规定各级主体的回收处理流程如图 4-12 所示。一条路径是消费者需要分类扔放废弃小型家电，地方政府在零售商的协助下选择适宜的回收方式收集废弃小型家电，并将废弃小型家电运输至认证处理企业。另一条路径是认证处理企业可从消费者手中直接回收废弃小型家电。认证处理企业最后可通过上述两条路径将收集到的废弃小型家电交由金属冶炼企业做再资源化处理，最终实现"变废为宝"。

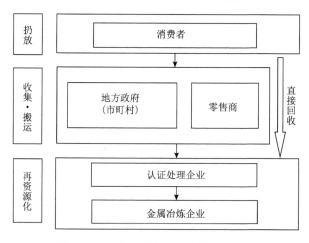

图 4-12　日本小型家电回收处理流程图

根据《小型家电再生利用法》的规定，地方政府主要负责开展回收工作。如表 4-3 所示，为做好废弃物的有效回收工作，日本环境省和经济产业省根据地方政府的特点，采取箱体回收、分拣回收、自行回收、活动回收、站点回收、上门回收、集体回收和市民参与型回收等 7 种推荐回收方式。地方政府可根据当地实际情况和消费者偏好选择一种或多种推荐回收方式，也可结合本地区的特点因地制宜地采取其他回收方式。零售商可通过在店内设置回收箱、在店内窗口接收小型家电废弃物和上门回收等方式协助地方政府和认证处理企业的工作。此外，消费者也可选择将废旧小型家电通过快递邮寄给认证处理企业进行再资源化处理。2017 年不同回收方式在市町村回收中所占比例如表 4-3 所示，其中，高达 58.8%和 44.7%的市町村选用了箱体回收和分拣回收方式，而上门回收、集体回收和市民参与型回收的方式有待进一步推广。

表 4-3 日本地方政府的主要回收方式

回收方式	具体做法	占比
箱体回收	地方政府在公共设施和商业设施等地设置回收箱，消费者直接将废弃小型家电投入箱内	58.8%
分拣回收	地方政府对收集到的一般废弃物进行筛选，从中分拣出废弃小型家电	44.7%
自行回收	消费者自行将废弃小型家电送至处理企业	28.4%
活动回收	在活动现场设置回收箱，回收活动参与者带来的废弃小型家电	19.2%
站点回收	在现有的资源回收站放置专门回收废弃小型家电的容器	16.4%
上门回收	消费者联系地方政府至消费者家中回收废弃小型家电	3.2%
集体回收和市民参与型回收	有资源集体回收经验的市民团体负责回收废弃小型家电	2.6%

资料来源：根据日本总务省网站资料整理而成

针对消费者在处理废弃手机和个人电脑时存在个人信息泄漏的风险，日本地方政府在回收环节注重引导消费者自行删除个人信息，同时在储存环节注重对已回收小型家电的防盗保护和及时处理。具体措施为：第一，积极开展宣传教育，向消费者介绍信息删除的方法，协助老年人删除个人信息。第二，对未经删除信息就流入回收体系的小型家电在回收处理前删除个人信息。第三，对回收箱体加装防盗锁，并安排专人看管。第四，将回收的小型家电及时运输至回收处理企业。

为配合《小型家电再生利用法》的贯彻落实，对从事废旧小型家电资源化处理的企业和地方政府进行资质认证。有意从事废旧小型家电资源化处理的企业首先需要主动向日本环境省和经济产业省提交"实施废弃小型家电再资源化项目规划"的申请，当申请获得日本环境部长和经济产业部长的批准后方可开展业务。企业获得资质认证后，即可从事跨区域的废旧小型家电的回收再利用，无须再获得日本废物处理行业和地方政府的许可。日本还对通过资质认证的企业进行定期年度考核，对不达标的企业立即取消其资质。

除了对企业进行资质认证外，日本环境省和经济产业省也对地方政府进行资质认证，只有获得认证后地方政府才允许开展废弃小型家电的收集和运输工作。

三、小型家电回收再利用成效

《小型家电再生利用法》实施以来，小型家电回收再利用取得了较好的效果，具体体现在以下几个方面。

首先，小型家电废弃物回收及再利用得到广泛支持，地方政府积极参与。如表 4-4 所示，截至 2017 年，日本全国已有 75.7% 的市町村开始实施小型家电回收，相较于 2013 年的 19.6% 有了较大的提高。暂未实施的市町村中，绝大部分正处于政策调整实施和待定阶段。从城市人口规模和小型家电再利用实施情况看，截至 2016 年，仅有 1 个政令指定城市未开展小型家电废弃物回收及再利用。如表 4-5 所示，人口在 5 万人以上的城市超过八成实施了《小型家电再生利用法》，人口不足 5 万人的城市一半以上也开始实施该法。

表 4-4　日本所有城市小型家电再利用实施情况

年份	实施中占比	调整实施占比	政策待定占比	未实施占比
2013	19.6%	16.9%	57.4%	6.1%
2014	43.3%	15.9%	31.8%	9.0%
2015	61.6%	13.3%	18.2%	6.9%
2016	70.3%	6.2%	16.3%	7.2%
2017	75.7%	5.6%	12.0%	6.7%

注：每年的统计数据截至当年的 3 月底
资料来源：根据日本总务省网站资料整理而成

表 4-5　不同人口规模城市小型家电再利用实施状况

年份	政令指定城市占比	人口在 10 万人以上城市占比	人口在 5 万~10 万人城市占比	人口不足 5 万人城市占比
2016	95.0%	86.8%	84.9%	62.8%

注：每年的统计数据截至当年的 3 月底
资料来源：根据日本经济产业省网站资料整理而成

其次，认证处理企业回收成效显著、创造了较高的经济效益。根据日本经济产业省的统计数据，2016 年日本的认证处理企业共回收了 5.7 万件小型家电，实现了 3 万吨金属再资源化，这个数字是 2013 年的 4 倍有余。再资源化的有用金属主要以铁、铝、铜、银、金、钯为主，这些金属仅 2016 年就为认证回收企业带来了 24.6 亿日元的经济效益。

再次，小型家电废弃物回收及再生利用效果显著，但距离法律规定的目标还有一定差距。《小型家电再生利用法》颁布之初，日本环境省和经济产业省制定了预期到 2015 年地方政府与认证处理企业每年可对 14 万吨的小型家电进行回收及再资源化的目标。如能达到这一回收预期目标，日本小家电废弃物回收率将达到 20%。但根据日本环境省和经济产业省的统计数据，如表 4-6 所示，2016 年日本仅完成了 67 915 吨小型家电废弃物的再资源化，相当于每人每年 0.53 千克。这可能是受近年来部分金属价格下降的影响，主要由铁、铝、铜构成的回收资源利润降低。2005 年以来，日本人口逐年减少且少子老龄化的加剧，进一步增加了回收中的运输成本，致使完成 14 万吨回收目标的难度加大。

表 4-6　地方政府与认证处理企业小型家电回收情况

年份	地方政府回收		认证处理企业直接回收		合计	
	总量/吨	人均/千克	总量/吨	人均/千克	总量/吨	人均/千克
2013	20 507	0.16	3 464	0.03	23 971	0.19
2014	38 546	0.30	11 945	0.09	50 491	0.39
2015	47 942	0.38	19 036	0.15	66 978	0.53
2016	48 500	0.38	19 415	0.15	67 915	0.53

注：每年的统计数据截至当年 3 月底
资料来源：根据日本经济产业省网站资料整理而成

最后，《小型家电再生利用法》实施以来，日本的国民环保意识显著增强，并带来了巨大的社会效益。例如，东京奥运会和残奥会组委会等机构发起了"从城市矿山中制造大家的奖牌"计划，该计划旨在发动地方政府从小型家电废弃物中提取金、银、铜等原材料生产比赛所需的 5000 枚奖牌。日本环境省于 2017 年 12 月发布的统计数据显示，制造这些奖牌需要 10 千克黄金、1 233 千克白银和 736 千克铜。

第七节　本章小结

2000 年日本正式根据循环经济理念立法，由此进入了推进循环经济建设、创建循环型社会的时期。经过多年的实践，日本在循环经济建设上取得了显著成绩。本章通过分析容器包装物、家电产品、建筑物、食品、汽车及小型家电等废弃物的回收再利用的发展现状、实践及特征，并介绍了其取得的成效，得出了以下几个主要结论。

第一，为促进容器包装物、家电产品、建筑物等不同类型的生产生活废弃物的回收再利用，日本政府制定了《容器包装再生利用法》《家电再生利用法》等诸多专项法律，使上述各废弃物在再资源化的过程中均能做到有法可依。日本循环经济法律建设注重顶层设计，对容器包装等废弃物的定义与分类、回收条件与流程、责任主体义务与回收原则均做出了明确规定，极大地助力了容器包装等废弃物的回收再利用。

第二，在法律法规和相关行业准则的指导下，容器包装、家电产品、建筑物等废弃物的回收再利用体系及流程均得以健全完善。在各废弃物的回收再利用流程之下，产品生产者负有回收和再资源化义务，日本环境省、国土交通省等相应主管政府部门和市町村地方政府承担管理职责，消费者分类投放各废弃物并支付一定数额的回收费用，容器包装再生利用协会等众多第三部门参与监督。由此，在产品的生产、流通、消费、废弃等全生命周期过程形成了完整的闭环，资源得到了最大程度的利用，并且环境承担了最小限度污染。

第三，容器包装、家电产品、建筑物等废弃物的回收再利用效果明显，循环经济建设成效卓著。这主要表现为：容器包装等废弃物回收数量大幅上涨；废弃物再资源化率显著提升；废弃物回收处理企业数量不断增加，相关认证处理企业的经济社会效益良好；国民环保意识显著增强。

第五章　日本低碳经济实践

日本经济高速增长时期，污染及公害等环境问题日益加剧。进入 21 世纪以来，日本政府将"实现发展经济和保护环境双赢"确定为长期治国方针，并于 2004 年开始探索与实践低碳经济，由此日本成为亚洲第一个宣布建设低碳社会的国家。本章首先介绍日本发展低碳经济的国内外背景，其次深入研究日本实施低碳经济的历程、现状、存在的问题及所采取的措施，最后总结归纳日本在低碳经济实践中围绕法律法规体系、汽车行业革新、创新技术培育及国民低碳生活模式构建等方面积累的经验。

第一节　日本发展低碳经济的国内外背景

2008 年国际金融危机爆发后，美国、德国及英国等国都致力于发展低碳经济。为振兴美国经济，在奥巴马总统就任前其智囊团就为其制定了发展清洁能源和低碳经济的路线，确保美国产业的国际竞争力。在欧美的带动及影响下，韩国、中国等也纷纷制定了本国的经济绿色增长战略。同时，一些国际机构也更加关注低碳经济，2009 年联合国开发计划署制定了全球的绿色发展战略。可见，发展低碳经济已成为后危机时代各国摆脱危机、实现经济平稳增长的重要手段。

2012 年底，日本国内出现一种声音，即日本经济会不会继续萧条，继"失去的二十年"后步入"失去的二十五年"甚至"失去的三十年"？诚然，在"失去的二十年"时间里，日本经济与其自身（经济高速增长时期）及外部（新兴经济体经济快速增长）相比持续低迷。然而，也有研究成果指出：日本经济"失去的二十年"是个伪命题，在"失去的二十年"里，日本经济看似"失去"，其实是日本的"哀兵之策"。日本经济并没有真正"失去"，因为日本综合经济国力仍居世界前列，特别是在发展低碳经济方面，日本积累了丰富的经验，并拥有全球最领先的技术。

2009 年，美国提出《清洁能源与安全保障法案》（The American Clean Energy and Security Act）。该法案由绿色能源、能源效率、温室气体减排、向低碳经济转型等四个部分组成。其中，向低碳经济转型部分的主要内容包括确保美国产业的国际竞争力、绿色就业机会和劳动者转型、出口低碳技术、应对气候变化等四个方面，该法案构建了美国向低碳经济转型的法律框架。

2013 年夏，日本经济学家伊藤诚指出，在"失去的二十年"里，日本如果推行奥巴马政府倡导的绿色经济复苏战略，那么它定能使日本经济扭转低迷状况，社会上将涌现大量的新型就业岗位，产业技术进步也将带动新型消费需求，从而推动日本经济全面增长。这一观点使人耳目一新，那么低碳经济能否成为促进日本经济增长的有效途径呢？可以预见，低碳经济作为今后创造新战略市场的重要"武器"，将对推动日本经济增长做出重要贡献。

第二节　日本的低碳经济实践

实现发展经济和保护环境共赢是 21 世纪包括日本在内的全球许多国家面临的一项重大课题。二战后，随着日本经济的高速增长，产业公害等环境问题日益严重。学者借鉴库兹涅茨曲线验证经济与环境之间的关系后发现：经济增长与环境保护之间并不存在如库兹涅茨曲线假说所指出的经济增长与收入分配之间存在的相关性。因此，在发展经济的同时推行保护环境战略是完全可行的。熊彼特的创新理论指出了未来经济发展的新路径：实施绿色创新，推进经济发展，低碳经济是今后实现经济增长的重要手段。实际上，与欧美等发达国家相比，日本也较早地认识到了推行低碳经济的重要性，并开始了低碳经济实践。

一、低碳经济在日本的萌芽及展开

日本是亚洲第一个宣布建设低碳社会的国家，2004 年日本环境省组织大学和科研机构围绕日本 2050 年建设低碳社会战略展开研究。2007 年，日本政府在《日本 2050 年建设低碳社会情景研究报告》中指出：在技术上，日本拥有 2050 年二氧化碳排放量减少 70%的能力，并已经拥有或掌握建设低碳社会所需的 60 项关键技术；在经济上，根据建设低碳社会设定的高低两种设计方案，日本每年将投入 7.0 万亿～9.9 万亿日元，2050 年的投入将达到 GDP 的 1%～2%；在行动上，日本政府及相关部门将实施 12 项重要行动，以实现 2050 年二氧化碳减排 70%的低碳社会战略目标。2008 年，日本政府强调，防止地球温暖化是人类面临的共同课题，并以政府名义提出了日本新的防止全球气候变暖对策：除要求采取环保、能源措施刺激经济增长外，还提出了建设低碳社会、实现与自然和谐共存的社会等中长期方案。其主要内容涉及社会资本、消费、投资、技术革新等多个领域。同时，福田首相还首次提及实施温室气体排放权交易制度及征收环境税。2009年政权交替后，日本政府提出了《绿色经济与社会变革》战略，旨在通过实行减少温室气体排放等措施，在日本推行低碳经济；同时提出了到2050年将比2009年减少60%～80%温室气体排放量的减排目标。

日本政府决心通过制定政策及措施，实现绿色科技创新，解决地球温暖化问题以推动日本经济增长。然而，2010年鸠山由纪夫辞职、菅直人首相上任后还没来得及继续践行民主党的绿色经济战略，3·11东日本大地震及海啸导致福岛第一核电站爆炸，菅直人及其后任野田佳彦首相将抗震救灾作为国家首要任务，从能源供给角度重新审视对核电的依存度，灾后重建及能源的稳定安全供给成了摆在日本政府面前的重大课题。2011年8月，日本内阁会议提出了《第四期日本科学技术基本计划》（也被称为《新科技计划》）指出："实现灾后重建"和"推进绿色创新战略"是今后日本经济增长及社会发展的两大支柱，特别是要全力推进绿色创新战略中的确保能源安全稳定供给及控制气候变动两大课题，要最大限度地推进实施日本具有优势的环保及能源技术革新、能源供给的多样化及分散化、能源的高效利用等社会体系及制度改革，从长远角度实现日本能源安全稳定供给并构建全球最发达的低碳社会。

二、日本采取的低碳经济措施

日本工业低碳转型起步较早，如前所述，20世纪90年代以来，日本政府围绕低碳经济先后颁布了多部法律，完善的法律法规为绿色低碳转型保驾护航。同时，日本政府还开征新税种、出台相关措施保障低碳经济的发展。

（一）征收地球温暖化对策税

为了削减温室气体的排放，从20世纪90年代，欧洲各国就纷纷开始构建及强化环境税收管理体制。2012年10月，日本开始对石油、天然气等化石燃料征收"地球温暖化对策税"（也称"环境税"）。现阶段，地球温暖化对策税征收办法为：在已经征收的石油煤炭税的基础上加收地球温暖化对策税，每千升石油或石油制品加收250日元、每吨天然气加收260日元、每吨煤炭加收220日元。2014年度和2016年度还分阶段提高征收标准（表5-1）。

表 5-1　日本地球温暖化对策税课税情况

课税对象	现行税费	2012 年 10 月	2014 年 10 月	2016 年 10 月
石油、石油制品/（千升/日元）	（2040）	+250（2290）	+250（2540）	+250（2790）
天然气/（吨/日元）	（1080）	+260（1340）	+260（1600）	+260（1860）
煤炭/（吨/日元）	（700）	+220（920）	+220（1140）	+220（1360）

注：（ ）里的数据为石油煤炭税费

到 2016 年，每年可征收地球温暖化对策税约 2623 亿日元。地球温暖化对策税由使用化石燃料的各电力公司及燃气公司支付，最终将通过油价、电费和燃气费转嫁到消费者身上。

（二）研讨导入温室气体排放权交易制度

日本政府于 2005 年颁布了自主参加型国内排放权交易的相关制度，旨在降低温室气体减排所需的管控成本，由日本政府提供补贴，引导国内企业积累温室气体排放权交易的相关知识与经验，鼓励企业自愿参与国内温室气体排放权交易。在低碳社会纲领指引下，日本政府于 2008 年颁布了配套的试行方案，设定了企业的削减目标、超出目标部分的信用化交易及目标达成方案。2010 年和 2012 年两次将该方案提交国会讨论，然而，国会认为，国内温室气体排放权交易制度会加重国内产业的负担，并有可能对劳动雇佣造成负面影响，因此，国会指出，应该在日本以外的发达国家的排放权交易制度及上述日本国内企业自愿参与国内温室气体排放权交易效果进行全方位评估基础上，再考虑日本是否需要以法律形式规范排放权交易。

（三）实施固定价格收购制度

日本政府于 2009 年在太阳能领域导入了剩余电力购买制度，其极大推动了太阳能发电产业的技术革新及产业培育。2012 年，日本政府在 2011 年颁布的《电力运营商开展可再生能源电力调度的特别措施法案》（第 108 号法律）基础上开始实施固定价格收购制度。该制度指出，为了促进可再生能源的开发利用及推动国民经济健康发展，日本政府规定电力公司有义务全量购买可再生能源所发电的电力。其中，可再生能源包括光伏、风力、地热、中小水力（3 万千瓦以下）、生物质能（不会给纸浆等现有用途带来影响的物质）。固定价格收购制度下，电力公司收购电力所需的费用通过向企业、家庭等用电者征收"附加费"来补偿。费用负担调整机构负责将附加费单价调整为日本全国统一价格。固定价格收购制度实施以来收到了一定的效果，推动了电力产业的技术创新及发展。

三、日本低碳经济现状

在上述法规和制度框架下，日本政府还制定了节能标准，为绿色低碳发展提供节能减排坐标，同时为鼓励行业节约能源、发展低碳产业，还制定了具有约束力的产业和产品节能标准，指导全社会从交通、建筑、消费等多个领域实施低碳转型。

（一）开展交通绿色低碳转型

首先，开发混合动力汽车、纯电动汽车、燃料电池汽车、氢动力汽车及其他新能源（高效储能器、二甲醚等）汽车等新型交通运输工具。丰田汽车公司作为全球混合动力汽车的领跑者，已经成功研发混合动力汽车并投入生产。2010 年，在北美国际汽车展上，丰田汽车公司推出了"油电混合动力概念车"，并且在之后的几年里，丰田汽车公司在美国市场推出了八款新型混合动力车。其次，大力研发汽车、飞机等交通运输工具所需的生物柴油和燃料乙醇等低碳新能源。目前，在低碳新能源领域，日本的技术已经可以与技术开发较早的英国、美国相媲美。

（二）推广绿色低碳建筑

对于日本来说，低碳建筑并非新名词，早在 20 世纪 80 年代中期，日本的一些建筑设计师开始进行低碳建筑规划。低碳建筑是一个系统概念，包括在建筑设计、建筑材料、设备制造、施工安装、建筑使用的整个生命周期内，降低能源消耗和提高能源效率，从而最终减少建筑物二氧化碳排放，涵盖了建筑选址、规划、设计、施工、运行管理等各个阶段。2013 年 4 月 1 日，日本政府在 2012 年颁布的《城市低碳化促进法》基础上启动了低碳建筑物认证制度。认证对象为城市化区域新建的建筑物，满足低碳建筑物认证标准的建筑物，可享受包括减税及部分面积不算入总建筑面积的优惠。日本政府还强调，要实现低碳建筑目标，必须要引导整个城市、整个地区及全社会向建筑节约能源的全过程转变。

（三）构建低碳消费体系

为培养国民的低碳消费意识，日本于 2009 年在全国推出了"环保积分制度"。这一制度的主要做法是对购买符合一定节能标准的空调、冰箱和数字电视的消费者返还"环保积分",其中空调和冰箱的返还比例为 5%、数字电视为 10%,消费者所获积分可用于下次购买家电产品时抵值消费。日本环境省、产业经济省及总务省的联合统计数据显示,2009 年 5 月至 2011 年 3 月实施的节能家电环保积分制度给日本创造了约 5 万亿日元的经济效益。2010 年,日本政府还对购买混合动力新能源环保汽车的消费者实施减税和发放补助金等优惠政策。随着环保积分制度及对新能源汽车减税优惠政策的实施,低碳消费已成为日本社会的主流消费意识,低碳经济的社会影响力随之逐渐扩大。

第三节　日本发展低碳经济面临的问题

日本政府多年来坚持不懈地发展低碳经济,并取得了一定的效果。然而,低碳经济并未如日本政府所期待的那样促进并推动日本经济增长。原因众说纷纭,其中经济团体联合会(以下简称经团联)的反对、政府对二氧化碳排放源的"误诊"及低碳经济政策存在的不足等严重阻碍着日本发展低碳经济的发展。

一、经团联是日本低碳经济道路上的绊脚石

在日本政府制定的低碳经济政策及推行的低碳经济制度引导下,企业及企业家也逐渐认识到环境污染是制约经济发展的重要因素,并纷纷着手制订本企业的低碳经济计划。然而,与此相比,以经团联为代表的日本工商业界对政府提出的低碳经济战略却一直持消极态度[①]。与单个企业或企业家相比,经团联在日本有着重要的地位。能源集约型和温室气体排放"大户"的钢铁、电力及化学三大业种出资出人组建了经团联,经团联的历届会长也基本从这三大业种中选出(表 5-2)。经团联担心碳排放会制约阻碍日本企业发展,所以千方百计地拖延日本发展低碳经济的步伐。近年来,日本产业结构发生了较大变化,然而经团联的内部结构却依然一成不变。回顾二战后日本经济发展史,能源集约型企业无论是从增加企业生产额还是从解决就业问题角度看,都对日本经济增长做

---

① 经团联、商工会议所及经济同友会是日本的三大经济团体,其历任会长均为日本经济界重量级人物,在日本经济界具有重大影响力。

出了重要的贡献。因此，在一定程度上，日本政府在发展经济的路线方针上受经团联的影响。

表 5-2　日本经团联历任会长

名称	任期	姓名	所在企业	任期
经济团体联合会	第一任	石川一郎	日产化学工业株式会社	1948—1956 年
	第二任	石坂泰三	东京芝浦电气株式会社	1956—1968 年
	第三任	植村甲午郎	经团联事务局	1968—1974 年
	第四任	土光敏夫	东京芝浦电气公司	1974—1980 年
	第五任	稻山嘉宽	新日本制铁公司	1980—1986 年
	第六任	齐藤英四郎	新日本制铁公司	1986—1990 年
	第七任	平岩外四	东京电力公司	1990—1994 年
	第八任	丰田章一郎	丰田汽车公司	1994—1998 年
	第九任	今井敬	新日本制铁公司	1998—2002 年
日本经济团体联合会	第一任	奥田硕	丰田汽车公司	2002—2006 年
	第二任	御手洗富士夫	佳能集团	2006—2010 年
	第三任	米仓弘昌	住友化学株式会社	2010—2014 年
	第四任	榊原定征	东丽集团	2014—2018 年
	第五任	中西宏明	日立集团	2018 年至今

资料来源：根据新华社发布的《经济参考消息》资料整理而成

二、政府对二氧化碳排放源的"误诊"及低碳经济政策存在的不足

围绕削减二氧化碳以控制温室效应问题，多年来日本政府一直在控制家庭二氧化碳排放量上做文章，如实施前述的环保积分制度及对购买新能源汽车享受减税优惠等措施。与此相比，日本政府忽略了产业部门才是真正的二氧化碳排放"大户"。通过分析日本二氧化碳排放源结构发现，家庭部门无论是直接排放量占总排放量的比重还是间接排放量占总排放量的比重，均远远低于产业部门占总体排放量的比重（图 5-1 与图 5-2）。以经团联为代表的一些部门担心政府管制企业二氧化碳排放量的政策会招致国内产业向国外转移，故对企业节能减排施加负面压力，日本政府也认为产业部门节能减排对日本企业而言已经是"拧干了的抹布"[①]，因此基本很少

---

① "拧干了的抹布"（日语为"乾いた雑巾"），指已经到了毫无余地的程度。

提及企业部门二氧化碳减排问题。

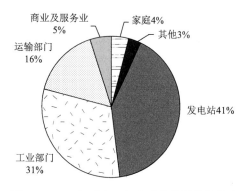

图 5-1　2013 年日本二氧化碳直接排放源构成

资料来源：根据日本防止地球温暖化推进活动中心 2015 年 4 月 23 日公布的《1990～2013 年 CO_2 排放量数据》资料整理而成

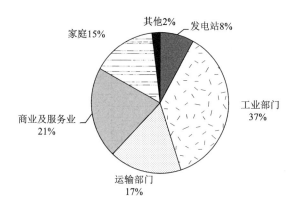

图 5-2　2013 年日本二氧化碳间接排放源构成

资料来源：根据日本防止地球温暖化推进活动中心 2015 年 4 月 23 日公布的《1990～2013 年 CO_2 排放量数据》资料整理而成

　　如前文所述，日本早在 2004 年就已着手建设低碳社会。为推动低碳经济，日本政府在出台法规、制定政策和制度方面，可谓付出了巨大努力。然而，与美国、德国、英国相比，日本政府的绿色低碳战略存在以下不足。第一，日本政府在低碳经济政策中制订了中期、长期目标及达标投资计划，然而，完成达标计划的财源何在？第二，日本政府认识到改造基础设施（如公共交通体系、下一代电力网等）是发展低碳经济的关键，然而围绕这些领域并未出台实际改造计划。第三，由于发展低碳经济遭到了经团联的反对，因此日本政府的政策体系并未提及产业结构转型问题。第四，地球温暖化对策税、温室气体排放权交易制度、固定价格购买制度等可吸引和扩大民间投资，然而日本政府的政策体系中，并未提及对这些方面的财政支援。因此，如何以低碳经济为手段推动日本经济全面增长仍然是日本政府需要继续探索的难题。

第四节　低碳经济促进日本经济增长的路径

虽然日本发展低碳经济的路径存在一些问题，但是日本在公害治理与技术革新上拥有的丰富经验和掌握着全球最领先的低碳创新技术，这也是日本在发展低碳经济上所具有的巨大优势。近年来，日本在环境金融方面的创新战略及"3E+S"（energy security，economic efficiency，environment，safety）能源战略计划的推进也将成为今后促进日本经济全面增长的重要路径。

一、日本在公害治理与技术革新上拥有丰富的经验

回顾二战后日本经济发展史，1955 年日本经济驶入高速增长轨道后，GDP 实际增长率保持在 11%以上，这一时期石油取代了煤炭成为主要能源，10 年间能源消耗量增加了三倍。日本内阁府的统计数据显示，与 1955 年相比，1970 年重化学工业占工业生产总值的比例从 44.7%提高至 62.6%。重化学工业是排污"大户"之一，重化学工业快速增长的同时也带来了产业公害问题。这一时期伴随工业化的推进和汽车的普及，产业活动及汽车尾气排放的有害物质引发了"四大公害"。

公害问题出现后，为了保护当地居民的身体健康，地方公共团体号召国民开展市民运动，国家也出台了治理公害的相应措施。在国家及地方团体的带动下，企业部门不断加大减少污染的排放技术研发，经过多年的努力最终实现了节能减排技术革新，基本解决了公害问题。如表 5-3 所示，各个层面的预防公害政策措施取得了显著的成效。随着技术的革新，日本企业走上了新型绿色创新道路。

表 5-3　日本公害治理与技术革新成效

主体	政策措施	效果
当地居民	反对大型石化工厂建设，以公害受害者为代表开展市民运动	成了地方公共团体、国家及企业制定公害对策的原动力

续表

主体	政策措施	效果
地方公共团体	先于国家法律制定了环保达标标准并导入了总规模管制制度 帮助各企业之间联手制定公害预防协定、为企业提供技术指导	推动国家环保法律的实施，有效地推动了公害问题解决
国家	1967年出台《公害对策基本法》并完善环保相关法制整备 提供公害预防计划实施的财政资金援助 对公害预防贷款实施低利息支援 制定了低硫磺对策并推进了燃料更新 1971年设置环境厅（2001年更名为环境省） 确立了以污染者负担为原则的公害健康被害赔偿制度	公害对策形成制度化
企业	加大公害预防投入 培养公害预防专业技术人员	大气污染问题得到了改善，企业开始深刻思考社会责任问题

资料来源：根据2001年日本大气污染经验讨论委员会编《日本的大气污染经验》整理而成

进入20世纪70年代中后期后，日本在防止产业公害技术方面取得了突破性进展。日本环境省开始关注引发公害发生的另一因素即汽车尾气，并组织专家学者围绕汽车尾气管制展开讨论。同一时期，美国颁布了《马斯基法》，该法规定汽车的各种排放气体5年内必须削减90%以上。当时，美国的《马斯基法》在日本国内遭到了强烈的批评。日本兴业银行（瑞穗银行的前身）调查部指出，如果日本推行与美国同样效力的《马斯基法》，那么日本汽车行业将遭受严重打击，将造成约9400人失业，导致日本经济下滑。当时在美国国内，由于受到汽车厂家的强烈反对，美国政府不得不推迟了《马斯基法》的实施时间。然而，受美国影响，日本于1978年颁布了与《马斯基法》同等标准的限排法规。由于美国推迟了《马斯基法》的实施时间，因此日本颁布的限排法规就成为当时世界上首部最严格的限排法规。限排法颁布前，日本汽车行业的技术一直依赖于美国，限排法的实施可能导致失业人数增加，因此遭到了汽车行业的强烈反对。减少二氧化碳排放与控制油耗是一个两难的问题，迫于限排法的压力，日本汽车行业开始大力研发节能减排技术，最终实现了技术创新。随着日本汽车技术的不断升级，日本汽车的质量及销售量都赶超了美国，达到了世界一流的水平。这一源于防止公害而带来的汽车行业的成功可谓双赢，并带动了日本产业结构从消耗资源能源的"重、厚、长、大型"向节约资源能源的"轻、薄、短、小型"转变，提高了产品的附加值，推动日本经济的高速增长。

二、日本掌握着全球最领先的低碳创新技术

绿色创新技术是发展低碳经济的关键。日本拥有的低碳技术将大力推进节能减排，目前日本在以下四大领域拥有全球最领先的低碳创新技术。

（一）温室效应气体测量技术

2009 年以前，温室效应气体观测技术对于全球各国而言是一个未能攻破的难题。2009 年 1 月，日本发射了人造卫星"气息号"，它是全球第一颗用于观测全球温室效应气体排放量的卫星，每三天绕地球一周，用短波波长推定每段波长从太阳光通过地球大气，然后在地球表面被反射，再一次来往地球与大气，用卫星测量波长的强度，从吸收的强度来测量大气中的温室效应气体的排放量。"气息号"人造卫星可采集全球二氧化碳分布及排放数据，为科学解决环保问题提供了重要的依据。日本还在"气息号"人造卫星基础上继续研发新一代卫星，以期更加精确地测量全球各地区的温室气体排放量。

（二）低碳新型材料制造技术

日本拥有全球最先进的碳素纤维技术。国际上将碳素纤维（即聚丙烯腈基碳纤维）誉为"黑色黄金"，它具有极高强度、超轻、耐高温高压等特点，作为低碳新型材料被广泛应用于航天、航空、化工、汽车及电子机械等领域。目前，日本碳素纤维的全球市场占有率高达 70%，如波音 787 客机的机体及机翼的 50%的碳素纤维材料均由日本企业提供。

（三）以海洋风力发电为代表的可再生能源制造技术

近年来，在多种可再生能源的开发中，海洋风力发电在日本发展迅速。日本经济产业省 2012 年的测算显示，预计到 2030 年，风力、太阳能、水力、生物质能及地热发电量将占日本总用电量的 20%。福岛核电站事故后，在大力开发环境友好型新能源战略的带动下，日本于 2011 年底建成了全球第一座浮体式海洋风力发电站，海洋风力发电蕴藏着巨大市场，将带来巨大经济效益。

三、日本以环境金融带动低碳经济发展

20 世纪 80 年代，美国最先提出了环境金融概念，这一概念最初是环境经济的一部分，它主要研究如何使用多样化的金融工具来保护环境、保护生物多样性。环境金融不仅要求金融业引入环境保护理念，形成有利于

节约资源、减少环境污染的金融发展模式；同时，强调金融业要关注生产过程和人类生活中的污染问题，为环境产业发展提供相应的金融服务和产品，促进环境产业的发展。环境金融成为优化配置环保资源、促进环保产业发展和提高环保企业效益的一种有效手段。

随后英国、欧盟、日本等国及国际机构开展了多种尝试和探索，并积累了一些经验。近年来，随着全球环保产业的蓬勃发展，环保产业和金融市场互动进一步深化了环境金融领域的发展。日本致力于环境金融发展，以营造有利于环保技术和绿色产品开发的商业环境：一是资金直接运用于减少环境负荷事业的投融资，包括以引进节能和新能源设备为目的的融资及针对环境创业投资企业的投融资等；二是评价和支持将关注环境融入企业行为的经济主体，通过投融资以促进环保的举措，开展环境评级融资和社会责任投资，为低碳企业提供融资便利。

四、推行"3E+S"能源战略计划

近年来，日元汇率波动及日本企业国际竞争力的下降导致日本出口大幅减少，液化天然气等燃料资源进口增加则进一步加大了贸易赤字。这种状况如果长期持续会造成经常账户长期赤字，导致日本综合经济实力下降。东日本大地震后，能源供给的脆弱性日益凸显，为了应对未来有可能发生的自然灾害，保障包括控制能源进口价格在内的廉价、稳定的能源供给就成了一个重要的议题。能源政策的核心是实现廉价能源及日本经济社会运转所需的安全稳定能源供给，这两点是提高日本产业竞争力的关键。如果将环境保护纳入上述两点考虑后所追求的经济发展模式即为低碳经济。2013 年日本政府出台了"3E+S"能源战略计划。首先，从供给角度，在实现火力发电高效率化的基础上，大力推进可再生能源开发，特别是实现海洋资源能源的实用化；其次，从需求角度，实现热能源的高效利用，推进住宅楼房等民生部门的节能建设，推进运输部门及产业部门的节能减排开发，导入电力需求响应①制度，加快蓄电池研发；最后，在流通领域，改革电力体系、完善大区域天然气管道建设、强化能源供给及流通体制。日本政府计划从能源入手，推进低碳经济发展，最终实现日本经济的可持续发展。

---

① 电力需求响应（demand response）指的是，当电力批发市场价格升高或系统可靠性受威胁时，电力用户接收到供电方发出的诱导性减少负荷的直接补偿通知或者电力价格上升信号后，改变其固有的习惯用电模式，达到减少或者推移某时段的用电负荷而响应电力供应，从而保障电网稳定，并抑制电价上升的短期行为。

第五节　本章小结

进入 21 世纪以来，全球环境和能源产业迅速发展，特别是与低碳相关的产业增长显著。日本在国土面积有限、人口规模庞大的情况下，以发展低碳经济为手段推动日本经济的发展。本章首先介绍了日本发展低碳经济的国内外背景，其次深入研究了日本实施低碳经济的历程、现状，最后指出日本发展低碳经济存在的问题及所采取的措施。通过本章分析，本书得出以下几个结论。

第一，后危机时代，世界主要发达国家及众多发展中国家纷纷开始以低碳经济为着力点，寻求其自身经济发展模式的转变。因此，各国经济活动的生态化和可持续化趋势的迅猛发展成为促进日本低碳经济发展的外部推力。就日本自身而言，1956—1973 年其经济高速增长时期产生了环境污染和"四大公害"等发展难题，以及泡沫破灭后"失去的十年"所引致的经济长期低迷的预势，使日本政府开始反思，寻求以低碳经济为抓手来摆脱危机，并实现经济增长。在内外因素的驱动下，日本政府、企业及消费者通力合作，全方位践行并推动其低碳经济的发展。

第二，作为低碳经济的核心之一，温室效应气体测量技术、低碳新型材料制造技术、可再生能源制造技术、绿色能源存储技术等低碳创新技术不仅为日本提供了专业的低碳经济发展与问题解决方案，还引领日本走在全球低碳创新研发的前列。在丰富的公害治理与技术革新经验的基础上，配合环境金融战略及"3E+S"能源战略计划等低碳经济增长路径，日本形成了完善的低碳产业体系，低碳经济增长效果显著。中国应有针对地借鉴日本的低碳创新技术，与日本企业进行交流合作，以达到学习借鉴日本低碳创新技术、促进本国低碳经济发展的目的。

第三，尽管日本低碳经济发展成效显著，但高投入-低产出发展模式也暗示着日本低碳经济发展依然任重道远。究其原因是，受经团联的影响，日本政府对二氧化碳排放源的"误诊"及低碳经济政策自身存在的不足。因此，日本低碳经济发展仍需不忘"初心"，砥砺奋进。

第六章 日本废弃物贸易推进状况

在环境污染加剧和全球资源短缺的背景下，国际废弃物贸易快速发展。日本作为亚太地区工业废弃物产量较高及资源短缺的国家，日益重视废弃物贸易的发展。本章从亚洲着手，以日本为重点研究对象，分析日本与亚洲国家尤其是与中国之间的废弃物贸易状况，同时总结地区废弃物贸易存在的问题，最后分析其所面临的贸易壁垒。

第一节 日本废弃物贸易现状

最初的废弃物贸易是发达国家为了减轻压力、发展中国家想借其获利而发生的，是由发达国家向发展中国家的单向流动。近年来，废弃物贸易不断发展，已发展成为以发达国家出口为主、进口为辅及发展中国家以进口为主、出口为辅的双向贸易。从亚洲来看，中国、印度等发展中国家作为废弃物的主要承载地的同时，也向日本等发达国家出口废弃物；而日本在废弃物不断出口的同时，也进口来自发展中国家的废弃物。

一、日本与亚洲国家或地区间的废弃物贸易现状

日本环境省的统计数据显示，2012 年日本危险废弃物的进出口量分别为 181 例（0.96 万吨）和 852 例（12.04 万吨），其中出口的危险废弃物包括铅、废锡铅和铅灰等，主要出口到韩国及比利时；进口的危险废弃物包括电子零件、废铜、铜泥和废电池（镍镉电池等），主要来自菲律宾、中国香港和中国台湾地区。据巴塞尔公约亚太区域中心统计，2013 年日本特定危险废弃物进口量为 1019 批（约 20.0 万吨），主要包括废镍镉蓄电池、电镀污泥、废铅蓄电池等，并且大部分来自中国香港、中国台湾、菲律宾等国家或地区，出口量为 387 例（约 3.2 万吨），主要出口到韩国、中国香港等地。另外，日本淘汰的洗衣机大部分出口到越南、菲律宾等东南亚国家。以上数据表明，亚洲国家在日本废弃物贸易中居于重要地位。笔者认为，除环境成本因素之外，地缘因素也在其中发挥着重要作用。日本作为岛国，其废弃物的输出多采用海运，而与亚洲地区国家的短距离运输能大大减少其运输费用及运输时间，从而将运输成本控制在较低的范围内，进而降低了废弃物交易价格。日本则充分利用这一比较优势，将亚洲地区国家作为

其主要目标市场。值得一提的是，2017年7月，国务院办公厅印发了《禁止洋垃圾入境推进固体废物进口管理制度改革实施方案》，要求全面禁止"洋垃圾"入境。停止进口包括废塑料、未分类的废纸、废纺织原料等在内的4类24种"洋垃圾"。该方案于2018年1月正式开始执行。中国"洋垃圾"禁令再度升级，这必将对日本废弃物在亚洲地区的出口规模及市场分布造成较大影响。2018年以来，日本增加了向泰国和越南的废弃物出口。与此同时，随着废弃物进口规模的骤增，泰国及越南等国也加强了对废弃物进口的管理。由此，新转变的市场在难以满足日本废弃物大量出口的同时，也提高了准入门槛，受多种因素的影响，日本废弃物贸易的出口形势日渐严峻。

此外，日本作为发达国家在出口废弃物的同时，为了节约资源也在进口相当数量的废弃物，这表明废弃物贸易已并非单纯的发达国家向发展中国家的单向贸易。由于日本内需不足且供需日渐饱和，因此在进行废弃物进出口时，日本更注重产业的转移。以发电产业为例，目前日本多家设备公司已开始开展海外的垃圾发电业务，并计划在经济不断发展及垃圾产量逐渐增多的东南亚地区寻求发展契机。此举不仅能减轻本国的环境压力，而且能使日本企业获得丰厚的利润。

通过上述分析可知，废弃物贸易首先表现为环境上的不公平，日本向亚洲发展中国家出口废弃物及转移产业更多的是转移污染，其在获得利益的同时，却将垃圾转移给进口国处理，这实际上是对进口国的双重掠夺。例如，2014年日本以再利用为目的出口到泰国200吨金属废料，其中含有各种金属成分的"杂品废料"，并混入了含有铅的电路板。这种以转移污染为目的废弃物贸易普遍存在，因此引发了很多国家间的环境纠纷，目前已成为一个严重的国际社会问题。

二、中日之间废弃物贸易现状分析

近年来，中国和日本两国之间的废弃物贸易呈快速发展的趋势。但是，中日两国之间废弃物贸易逆差很大，而这种过多承载他国的废弃物的现象也是导致中国"洋垃圾"禁令不断升级的重要原因之一。在该禁令的作用下，日本出口至中国的废弃物明显减少。日本财政部的贸易统计数据表明，2018年2月，日本出口至中国的集装箱运量骤减36%，而这主要归因于"木材、纸浆、纸类"出口量的大幅下降。需要说明的是，中国"洋垃圾"禁令实施的目的并不是完全禁止进口废弃物，而是要提高废弃物的进口标准，以督促相关国家对出口的废弃物进行分类处理。由此，在促进资源循环利用的同时，可促进经济社会的可持续发展。当然，该举措在短期内可能会对日本的相关产业造成影响，但从长远来看其将扩大日本国内废弃物处理产能，进而倒逼全球范围内固体废弃物循环利用产业的发展及相关技术的进步。

此外，笔者认为在采取措施直接缓解中日废弃物贸易逆差的同时，还应该考虑逆差出现的深层原因。这主要归因于中国的廉价劳动力和较低的环境管制成本。废弃物的多样性导致其处理的机械自动化水平较低，故需要大量劳动力进行人工处理。因此，劳动力的工资水平便成为决定废弃物处理成本的重要因素。同时，中国的环境管制标准相对较低，在进行废弃物处理时比较容易达标，相对于日本来说处理成本较低，从而形成一种比较优势，进而促使日本出口大量废弃物到中国。廉价劳动力和低环境管制成本在发展中国家是普遍存在的，这也是国际废弃物跨境转移主要由发达国家流向发展中国家的主要原因。当然，值得关注的是，即便未来发展中国家仍然存在廉价劳动力或低环境管制成本的优势，发达国家的废弃物也未必能够顺利转移，在全球低碳环保浪潮下，国家环境管制措施的实施将会成为重要影响因素，由此发达国家不断引导和鼓励企业细化垃圾分类，从源头控制可再生废弃物的清洁性才是其未来废弃物处理的主要着力点。

第二节　废弃物贸易伴随的问题

日本与亚洲发展中国家废弃物贸易不断发展的同时，也给相关国家及自身带来了一系列问题。

一、环境污染严重

废弃物贸易带来的首要问题就是环境污染。从亚洲的交易情况来看，虽然日本与中国等发展中国家相互进出口废弃物，但是双方的实力存在一定差距，日本作为收入较高的发达国家对环境的要求标准更高，在贸易中虽然也进口废弃物，但是更倾向于进口污染小的，很少进口来自发展中国家的高污染产品。相反，发展中国家为了经济发展的需要，在废弃物贸易中做出了更大的让步，承担了更多来自发达国家的污染。相关资料显示，日本为了避免环境污染、降低环境处理成本，将60%以上的高污染产品转移到东南亚和拉丁美洲地区，这给当地居民的人身健康及当地的生态环境带来严重损害。在垃圾处理过程中，工人防护措施不到位导致的恶性中毒事件时有发生，加之废弃物污染了当地的土壤、水源，导致生态破坏严重、生物多样性急剧减少。更重要的是，这些"洋垃圾"在处理的过程会消耗大量的水和电，还会产生严重的污染问题。

废弃物贸易虽然满足了发展中国家的资源需求，带动了发展中国家的经济发展，但也造成了严重的环境污染，因而并没有把发展中国家引上可持续发展的道路。

二、政治挑战加剧

除环境污染外，废弃物贸易也给国际社会及国内的政治稳定带来挑战。首先，从国际角度看，亚洲一些发展中国家对废弃物贸易缺乏管制，致使很多废弃物非法流入相关国家，而当政府部门发现问题进行处置时，易造成国家之间的利益冲突，导致两国间关系紧张，从而不利于国际政治局势的稳定。《巴塞尔公约》规定，各缔约国应将危险废弃物的非法运输视为犯罪行为。其次，从国内角度看，废弃物的污染特性，加剧了废弃物处理企业与周边居民的冲突。同时，居民为维护自身的生命安全，针对环境污染的示威游行活动不断增加，这些都将增加相关部门管理的难度。另外，大量废弃物的进口需要相关企业进行回收处理，如广东凭借其优越的地理位置成为各类废弃物的主要承接地之一，而该区域对废弃物的处理主要以小作坊为主，由此便有大规模的民众以此为生，在"洋垃圾"禁令的限制之下，大批企业倒闭，东莞市大气污染防治办公室公布的数据显示，2018年6月，东莞市已完成2595家"散乱污"企业的淘汰整治，其中关停取缔2026家、整治改造569家。由此，民众将面临失业或失去生活来源的问题。由此可见，无论是从国际角度还是从国内角度看，废弃物贸易都有一定的负面影响。

三、产业结构畸形发展

首先，从产业链的角度来看，危险废弃物作为原料被进口再利用，若该利用环节处于产业链的上游，则产品会分到下游各个环节被直接利用或再加工利用，这样依次逐级累加下去，最初的污染就会波及整个产业链，最终可能会造成难以挽回的损失。巴塞尔公约亚太区域中心公布的数据显示，2013年印度从日本进口废旧阴极射线管显示器470万台，而这些废弃物主要通过非正规途径被利用，部分受利益所驱的企业将剩余含铅玻璃用于与其他玻璃混合制作家用新产品，最终导致整个玻璃回收链受到污染。其次，从产业结构角度来看，发展中国家过度依赖进口废弃物来解决国内资源短缺的问题，致使其对新能源的开发力度不够，从而不利于新能源产业的开发。从传统制造业层面来看，其也不利于其转型升级，如过去中国大规模进行废弃物进口贸易，但这并不代表中国的废弃物回收处理体系相当成熟，而是因为制造业的发展急需能源及原材料供应，借助废弃物进口的途径不仅可以解决能源短缺问题，在废弃物使用数量较大的前提下，还能节省大量的成本、创造较大的利润空间。但是，鉴于以上分析，盲目追求利润的制造业发展，已经与"中国制造2025"发展战略的本质相违背，更不符合国家产业结构及经济结构优化升级的需要。

综上，废弃物贸易伴随的问题必须引起发展中国家的重视，发展中国家进行废弃物贸易应当充分考虑社会整体效益。

四、市场由外转内成重点

日本进行废弃物贸易，将废弃物大规模出口至其他国家，此举既能够解决本国废弃物的处理问题，在一定程度上也能够解决废弃物进口国的资源短缺问题。但值得注意的是，这将在很大程度上造成自身对国际废弃物市场的过度依赖，而一旦进口国进行环境管制政策的调整，严格控制废弃物的进口，短期内日本将难以处理大规模的垃圾。例如，当前中国禁止"洋垃圾"进口，不仅对美国、澳大利亚等主要废弃物出口国造成了影响，也对日本造成了一定的打击。对日本而言，中国的"洋垃圾"禁令更是引起了国内的关注，相关媒体播放了"中国禁止进口洋垃圾，日本垃圾的现状"主题纪录片，提醒民众过度依赖中国市场的严重后果。相关出口商作为直接的利益受损者，废弃物库存堆积，濒临破产，如一些大型企业不得不在国际市场寻找新的废弃物进口商。对于政府而言，尽管低碳经济发展较早，制度体系较为完善，但是短期内并不具备对大规模的废弃物的回收利用能力，只能进行暂时的掩埋和焚烧处理，这不仅对本国的环境造成污染，更阻碍了本国低碳社会的发展进程。由此可见，过度依赖国际市场，无序且大量进行废弃物的出口并非长久之计。

中国作为世界工业大国，在前期的经济发展过程中对于吸纳及消化全球范围内的废弃物做出了较大牺牲。"洋垃圾"禁令的出台是一个契机，对促进全球废弃物的循环利用具有重要意义。其不仅带动亚洲相关废弃物进口国进行废弃物进口的严格把控，而且促进美国、澳大利亚、英国、日本等废弃物出口大国转变废弃物处理方式，将废弃物的处理方向由外转内，不断提高本国废弃物的回收利用率。当然，即便是进行废弃物的出口，并非简单地将废弃物转嫁给发展中国家，而是进行废弃物处理资金及技术的投入，对废弃物进行分拣，以达到进口国的进入标准，最终达到共赢的目标。

第三节　废弃物贸易面临的贸易壁垒

亚洲发展中国家在承接废弃物贸易的同时，也从贸易政策上对废弃物进行管制，以避免日本等发达国家过度转移废弃物。目前亚洲地区针对废弃物贸易的贸易措施可分为关税措施和非关税措施。

一、关税措施

从亚洲各国来看，各国对不同种类的废弃物设置了不同关税标准（表 6-1）。

表 6-1　亚洲各国主要可再生资源的关税税率

国家	废塑料	废纸	废铁	废铜
中国	10.7%	0	0~2.0%	1.5%
印度	20.0%	16.0%	10.0%	15.0%
印度尼西亚	5.0%	0~15.0%	0	0
日本	4.0%~4.8%	0	0~4.7%	0
韩国	6.5%	0	1.0%	0
马来西亚	0~30.0%	0	0~5.0%	0
菲律宾	1.0%~5.0%	1.0%	0~3.0%	3.0%
泰国	30.0%	1.0%	1.0%	1.0%
越南	10.0%	3.0%	0	0

资料来源：根据各国海关贸易统计数据整理而成

由表 6-1 可知，印度对废塑料、废纸、废铁及废铜的进口都设置了较高的关税，分别为 20.0%、16.0%、10.0%、15.0%。这表明虽然印度允许一部分可再生资源的进口，但是高额的关税依旧成为其进口的阻碍。可再生废弃物难以进入印度市场，会提高国内相关产业的生产成本，进而引起产品价格的上涨。其他各国对于废塑料的进口限制较为严格，其中泰国进口税率最高，为 30.0%，其进口税率较高的原因在于废塑料非法入境规模较大，且本国再利用率水平较低。中国、越南废塑料的进口税率分别为 10.7%、10.0%。对于废铜的进口，除了中国、印度、菲律宾、泰国外，其余国家的关税税率零。通过以上对比可以发现，亚洲各国对部分可再生资源的进口持支持态度，主要归因于国内能源、原料短缺，尽管如此，高关税的现象依然存在。笔者认为，利用关税政策达到保护环境的目的是可行的，但是武断地使用关税政策来解决环境问题却是本末倒置的做法。针对废弃物贸易的关税措施应该既有利于本国资源短缺问题的解决，又有利于本国生态环境的保护，只有协调好两者之间的关系才能使关税政策的作用充分发挥。

二、非关税措施

废弃物贸易的非关税措施主要包括限制进口数量的配额、进口许可证及各国国内的环境管制，目前亚洲各国在废弃物进口方面都有一定的输入规制（表 6-2）。

表 6-2　亚洲各国《巴塞尔公约》批准状况及有关可再生资源等进口规定

国名	《巴塞尔公约》批准年	《巴塞尔公约》修正案批准年	有关可再生资源的其他进口限制
日本	1993		有关废弃物，不仅要符合《巴塞尔公约》，也必须符合废弃物处理法的相关规定
韩国	1994		—
俄罗斯	1995		—
中国	1991	2001	再生资源及旧机电（食品加工设备、石油化工设备等）的装船前检查。旧机电原则上禁止进口。禁止进口废弃塑料、纸类、废弃炉渣等 24 类"洋垃圾"
菲律宾	1993		旧汽车原则上禁止进口，旧轮胎也禁止进口，旧家电，需事前通知
印度尼西亚	1993		禁止进口有害废弃物及废塑料。其他再生资源以及旧货，旧公共汽车必须装船前检验
新加坡	1996		—
马来西亚	1993	2001	—
越南	1995		除一部分再生资源可进口，全面禁止废弃物的进口
柬埔寨	2001		
泰国	1997		进口旧汽车仅限于个人用等。旧农用机械必须装船前检查。制造以后不足 3 年的旧家电，制造以后不足 5 年的旧复印机可进口
孟加拉国	1993		旧机械，必须提供 10 年以上剩余使用年限的检验证明。排气量 1649cc 以下制造后不足 4 年的旧车可进口
斯里兰卡	1992	1999	新车注册 3 年以上的乘用车，5 年以上的面包车以及卡车禁止进口
印度	1992		旧机械装船前检查。制造后 10 年以上的旧机械设备原则上禁止进口

此外，各国还制定了符合自身实际的可再生资源进口规定。日本规定有关废弃物在符合《巴塞尔公约》的同时，还需符合本国废弃物处理法的相关规定，依据《废弃物处理法》和《公共清洁法》的相关程序进行，其中日本的《固体废弃物处理法》不仅对废弃物的分类十分严格，而且划分出"特别管理废弃物"，这对废弃物的进口起到较大的限制作用，避免了种类繁杂的废弃物的流入。中国废弃物进口方面在遵循《巴塞尔公约》的同时，明确规定只有可循环利用的废弃物才可进入境内。随着生态文明建设的不断推进，国家环保力度不断增强，相关制度也在不断完善。2017年7月，中国正式向世界贸易组织通报拒绝进口废弃塑料、纸类、废弃炉渣等24类"洋垃圾"，并印发了《禁止"洋垃圾"入境推进固体废物进口管理制度改革实施方案》，该方案于2018年1月1日开始实施。越南规定除一部分再生资源可进口外，全面禁止废弃物的进口。另外，随着中国"洋垃圾"禁令的实施，东南亚各国成为"洋垃圾"新的"接盘"地，越南更是成为主要国家之一，新港盖梅国际港码头与凯莱港集装箱垃圾供大于求，重压之下越南于2018年5月出台了临时措施，禁止进口塑料废料。与此同时，越南海关出台新规，自2018年12月3日起，进口货物必须提供税收编码和海关编码，以防止废弃物的非法进口。泰国在遵循《巴塞尔公约》内容的同时，对进口废弃物的使用时间明确规定制造以后不足3年的旧家电、制造以后不足5年的旧复印机可进口。尽管东南亚各国在新形势下纷纷采取一系列举措限制废弃物的进口，但是其措施具有临时性，缺乏制度的长期限制。另外，鉴于东南亚各国制造业正处于快速发展阶段，其对资源的需求日渐增长，造纸、包装等企业所需的原材料一直处于供不应求的状况，由此盲目限制废弃物进口对于东南亚各国发展的利弊也很难权衡。印度对旧机械的进口有明确限制，菲律宾、孟加拉国对旧汽车的进口有明确规定。亚洲各国自身政策的制定，对于废弃物的跨境转移有很大的抑制作用。但是，笔者认为，若政策不能有效实施，过多的国内环境管制政策必将会在一定程度上阻碍可再生资源贸易的发展。

第四节　本章小结

随着全球化的不断发展，国际分工日渐细化，废弃物贸易的开展成为必然，由此造成的污染的全球流动也不可避免。本章以日本废弃物贸易的推进状况为切入点，首先分析了日本与亚洲国家尤其是与中国之间的废弃物贸易状况，其次总结归纳了废弃物贸易伴随的问题，最后总结了废弃贸易面临的贸易壁垒。通过本章分析，笔者得出了以下结论。

第一，全球资源性短缺使废弃物贸易成为一种发展趋势，日本推进废弃物贸易的目的是解决能源短缺问题。日本将高污染废弃物转移至东南亚和拉丁美洲地区，不仅给当地带来了高昂的环境成本，也不利于这些地区与日本双边关系的持续发展。

第二，最初的废弃物贸易是发达国家为了减轻压力、发展中国家想借其获利而发生的，是由发达国家向发展中国家的单向流动。近年来，随着废弃物贸易的不断发展，已发展成为发达国家出口为主、进口为辅及发展中国家进口为主、出口为辅的双向贸易。

第三，目前中国和日本两国间的废弃物贸易逆差较大，笔者认为这主要归因于中国的廉价劳动力和较低的环境管制成本。一方面，目前废弃物回收行业仍处于劳动密集型阶段，机械自动化水平较低，因而需要大量劳动力进行人工处理。另一方面，中国的环境管制标准相对较低，在进行废弃物处理时比较容易达标，相对于日本来说具有一种比较优势。

第四，废弃物贸易可能造成输入国的环境污染、政治挑战、产业结构畸形发展、过度依赖国际市场等问题。这些问题必须引起发展中国家及发达国家的重视，发展中国家进行废弃物贸易应当充分考虑社会整体效益。发达国家在处理废弃物时，应注重自我消化，不仅要利己更要利他。

第七章　日本绿色消费实施状况

随着资源短缺、环境污染等问题的加剧，经济社会可持续发展逐渐成为各国关注的焦点。低碳社会作为经济社会可持续发展的必经之路，已成为当前各国经济社会发展的重点。2004 年，日本开始探索与实践低碳经济，成为亚洲第一个宣布建设低碳社会的国家。日本低碳社会的发展涵盖各个领域，其中绿色消费的发展是日本低碳社会发展的重要体现，更是经济社会可持续发展的重要推动力。在此背景下，本章首先从绿色消费的定义和日本绿色发展历程出发概括日本绿色消费的现状，然后从立法、财税政策、政府采购等多个角度总结归纳日本绿色消费的实践及特征，最后分析日本推行绿色消费取得的成效。

第一节　日本绿色消费现状

"绿色消费"和"绿色消费者"的理念由 Elkington 和 Haile 于 1998 年提出，随之引发了学术界对工业文明时代"大量生产、大量消费、大量废弃"的反思。此后，"适度消费""可持续消费""生态消费""低碳消费"等相关概念应运而生，研究者从不同视角探讨了工业文明时代消费模式的变化及相关问题。随着研究的不断深入，绿色消费概念的内涵也在不断丰富。这种消费模式以绿色、自然、和谐、健康为宗旨，坚持在人与自然的和谐统一、人和人的相互关系的平衡中实现需求的全面、持续与最大化满足。日本早在 2000 年就对绿色消费做出了如下定义：绿色消费指的是在购买产品和服务（或称为商品）时，首先应充分考虑是否有必要购买，其次不仅要考虑商品的价格、功能、设计，还应考虑环境因素，选择购买产品生命周期内环境负荷小的商品。从经济社会运行体系总体视角考虑，在生产商品投入生产要素阶段就应考虑减轻环境负荷，从商品和企业环保视角，通过市场整体的绿色化，促进经济社会的可持续发展。

日本绿色消费的演进从缘起到成熟经历了较长的发展阶段，在不同时期均体现出随经济发展而不断变化的特征。目前，日本社会消费已经从萌芽阶段进入了绿色低碳消费阶段。在二战战败后，日本政府用 10 年时间完成了经济的恢复与发展。在此后的经济高速增长时期,日本政府发布了"国民收入倍增计划",旨在通过"大量生产、大量消费"的线性经济增长模式来拉动经济增长。在这一政策的指引下,日本企业以利益最大化为目标,市场上次品横行,出现了大量价低质劣的产品。日本民众的生活质量也受到了影响,生活水平呈下降的趋势。1965 年,日本创建了生活俱乐部,俱乐部的会员拒绝做商家主导下的被动消费者,而是主张以"生活者"代替消费者,注重生活质量和消费质量的提高,在日常生活中主动思考和探索更高品质的生活方式,倡导充分考虑环境和自然、与自然和谐共存的"生活者"消费理念。随着"生活者"运动的开展,"生活者"消费理念和节能理念成了当时日本国内两种主要的生态消费理念,绿色消费理念开始萌芽。

20 世纪 70 年代以后,绿色消费在日本得到发展。1973 年第一次石油危机爆发后,受国际油价暴涨的外部供给冲击,日本经济由高速增长转为低速增长。高油价迫使日本企业将生产模式由"重、厚、长、大型"向"轻、薄、短、小型"转变,日本国民的消费模式也随之发生变化,不再追求盲目消费,开始注重产品的环保和节能。20 世纪 70 年代后期,日本政府大力引导促进了绿色消费理念的崛起,能源环保产品开始投入市场。

20 世纪 90 年代,日本经济增长几乎陷入了停滞状态,日本政府开始着手构建"低碳"、"循环"和"与自然共存"社会。日本国民更加注重消费的质量,日本进入了绿色消费时代。1990 年底"泡沫经济"崩溃后,日本经济呈现出严重衰退的状态。经济增长放缓促使日本政府转变政策方针,提出了"环境立国"战略。日本政府更加重视低碳能源、技术的利用,积极推进循环经济,并且明确提出实现"与自然和谐共存"和"富足而俭朴的生活"的目标。这一时期一次性产品的消费逐渐减少,年轻人以背环保布袋为时尚,可直接饮用的自来水取代了需要消耗资源的瓶装水,消费者逐渐放弃追求奢侈的消费生活。可见,日本社会消费已经进入了绿色低碳消费时代。

第二节 日本绿色消费实践及特征

作为世界上绿色消费和环境保护立法最全面的国家之一,日本通过建立和完善相关法律法规体系,创造了推动绿色消费发展的良好社会环境;通过专项立法、财政补贴、税收杠杆、绿色采购和环保积分等发展绿色消费,以期推动经济社会的可持续发展。

一、通过立法引领绿色消费

日本政府于 2000 年 5 月制定，并于 2001 年 4 月正式实施了《绿色消费法》。该法对各级政府和公共机构、环境省、企业界、消费者、第三部门等不同主体提出明确的要求，旨在建设一个对环境影响较小的可持续发展的社会。首先，该法明确规定了所有政府机构和公共机构均应对指定采购项目实施绿色公共采购（green public procurement, GPP）的责任和义务，通过政府行为的宣传和示范作用鼓励生产与消费环境负荷小的产品及服务，推动公共部门采购环保产品及建设环境负荷小的可持续型社会。其次，环境省负责制定该法的实施细则，包括每个指定采购项目的评估标准。各政府机关和事业单位应根据环境省下达的基本政策制定、评估与公开自己的采购政策，并每年向环境省大臣报告成果。最后，日本环境协会和绿色采购网（Green Purchasing Network, GPN）等第三部门为政府绿色采购献计献策，并为政府和企业提供信息技术支持与环保标示认证，建立健全生态产品数据库。

《绿色消费法》的实施充分调动了各级政府、生产厂商、消费者和第三部门的积极性。政府采购的绿色标准不仅要求末端产品符合环保技术标准，而且规定产品研制、开发、生产、包装、运输、使用、循环再利用、废弃的全过程均需符合环保要求，这调动了各个环节生产者绿色生产的积极性。政府依法实行绿色采购并在第三部门的辅助下列出政府绿色采购产品建议清单，这形成了一股庞大的绿色消费力量，既可获得直接的环保效益，又能产生强大的示范效应，引导和带动厂商绿色生产、普通消费者的绿色消费。

此外，日本制定的相关法律法规中也明确了企业和消费者的环保责任。例如，2000 年 4 月出台的《循环型社会形成推进基本法》，以基本法的形式规定消费者应以延长使用时间、使用再生产品、协助循环资源的分类回收等方式减少废弃物产生，承担产品循环利用的责任和义务。日本政府于 1998 年出台并多次修订《家电再生利用法》。该法要求由消费者和厂家共同付费，对废弃的空调、电视、冰箱、洗衣机进行再商品化处理。生产者必须在规定的时间内对上述商品回收利用，分别达到 60%、55%、50%、50% 以上的利用率，未达标的企业将被处以相应的罚款。自 2000 年起，消费者在购买上述家电时都要预先支付家电废弃后回收处理的费用，生产者和零售商则需承担家电废弃后回收与再循环利用的责任及义务。

二、加大财政补贴力度，拉动绿色消费

日本政府从补贴和政策拉动出发，以财政政策刺激绿色消费。2009 年 4 月，日本开始实施绿色汽车减税政策和第一期绿色汽车购买补贴制度，

该制度规定对符合标准的新能源车给予50%以上的购置税和汽车重量税优惠，并对符合标准的新上牌照车辆给予10万日元的补贴，对轻型汽车给予7万日元的补贴。

与此同时，日本还建立了太阳能发电剩余电力收购制度。该制度规定，从2009年11月开始，由电力公司负责按一定价格收购住宅太阳能发电设备产生的家用消费量之外的全部剩余电量。2012年7月，日本政府规定电力公司有义务收购除太阳能发电之外的风力、地热、水力、生物质能等可再生能源生产的电力，收购所需的费用通过向企业、家庭等用电单位征收"附加费"来补偿。太阳能发电剩余电力收购制度的实施极大促进了绿色消费的发展。

除上述补贴制度外，日本政府还实施了许多其他绿色消费财政政策。例如，为推广节能减排技术，日本政府对消费者购买采用节能减排技术生产的产品费用支出进行补助。同时，有关废旧物资回收利用的设备研发或生产企业，政府给予其研发和生产费用一半的补贴，而企业购买节能型能源消费设备更可得到近1/3的补贴。这些财政性补贴极大地降低了消费者生活和企业生产的成本，激发了能源消费主体对节能减排新产品的使用热情，调动了其主动减排的积极性。

三、推行绿色税制，发挥税收杠杆作用

日本政府还通过推行绿色税制和征收碳税的方式大力推进绿色消费。日本实施的绿色税制是指对购买环保汽车的企业和个人削减汽车重量税与购置税；减免企业购买可再生发电设备的资产税和环境相关方面投资的税收；对新建节能住宅和通过长期认证的高质量住宅的家户减税。例如，购买废纸脱墨、玻璃杂物去除设备的企业3年内可享受固定资产退税待遇。购买使用废旧塑料再生设备的企业，除享受普通退税外，还可以享受设备价格14%的特别退税。为鼓励中小企业节能减排，日本政府对其降低4%的法人税，并按照18%的税率征收。2007年，日本开始对主要消费一次化石能源的企业和个人征收碳税，碳税的征收旨在降低碳排量，改善能源消费结构。为避免对特定行业造成过重的负担，碳税的征收覆盖了化石能源消费的整条产业链，在2007年以后3年半的时间内逐步征收，以体现碳税对象广泛而负担轻量的特点。据测算，居民家庭汽油和水电消费税率在课税前后为9.3%和9.5%，平均每个家庭每月多支出177日元。

四、发动政企绿色采购，发挥示范效应

绿色采购的基本原则为：不仅要考虑购入的必要性及价格，还要考虑

环境影响等因素，购买环境负荷尽可能小的产品与服务。基本方针为：购入环境负荷小的产品及从努力降低环境负荷的生产经营者购入，从全生命周期影响的角度来考虑产品的购入，在资源开采、生产、流通、使用、再利用、废弃物处理等环节，以减量化、再利用、资源化、能量回收为先后顺序。

为推广绿色消费方式，日本建立了绿色采购网，并大力推进环保标示制度等配套措施。绿色采购网是一个由几乎国内所有大型企业结成的非政府机构，私营部门、地方政府、非营利组织和非政府组织也都参与其中。绿色采购网的使命是推广日本绿色采购的理念和实践，自成立以来就通过其活动发挥着重要作用。绿色采购网通过制定绿色采购原则和绿色采购指南为消费者提供绿色产品的建议；向政府提供绿色采购建议和培训，帮助地方政府制定本地区的采购政策；通过健全企业生产的生态产品数据库，在政府、企业和消费者之间搭建了信息交流的平台。

环保标示制度是 1989 年日本环境协会根据国际标准化组织和ISO14024 的标准实施的旨在促进消费者选择环保产品、引导绿色消费的措施。根据日本环境协会的界定，符合环保标示的产品必须符合两个要求：一是在商品的全生命周期内使用该商品带来的环境负荷必须小于同类商品；二是使用该商品有助于环境保护，如可以减少其他原因造成的环境负荷。基于上述要求，规定凡在生产、使用和消耗过程中全面考虑环境保护的商品，都可以使用环保标示。环保标示制度规范了市场上的绿色产品，为厂商、消费者和政府选择绿色产品提供了标准。该制度的实施形成了广泛的波及效应和乘数效果，推动绿色经济的发展，进而促进经济社会的可持续发展。

绿色采购网络的运作模式如图 7-1 所示。

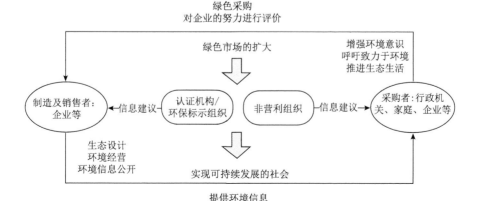

图 7-1　绿色采购网络的运作模式
资料来源：根据日本环境省网站资料整理而成

　　为了规范政府机构和公共部门的绿色采购行为，发挥对消费者的绿色消费示范作用，日本建立了一套与绿色采购网络相配套的指定采购项目。指定采购项目在委员会审议和内阁批准后方可启动，政府机构和公共部门在进行政府采购时，针对制定采购项目中包含的品种时必须优先购买符合环保标示认证的绿色产品。指定采购项目在 2001 年包括 14 个类别共计 101 个产品，到 2016 年增加到 21 个类别共计 270 个产品。具体产品见表 7-1。

表 7-1　2016 年日本政府采购项目清单

序号	产品种类	序号	产品种类
1	纸	12	台灯、LED 灯等
2	文具	13	交通设备等
3	办公家具等	14	制服和工装
4	照相设备等	15	室内设备和床上用品
5	电脑等	16	工作手套
6	办公设备等	17	其他纺织品
7	移动电话等	18	太阳能板等
8	家用电器等	19	防灾设施
9	空调等	20	公共工程
10	热水器等	21	文印服务等
11	灭火器		

资料来源：根据日本经济产业省网站资料整理而成

五、导入环保积分制度，刺激绿色消费

　　环保积分制度是指通过国家财政支出支持消费者购买环保家电的制度。其设计理念是通过"积分"来鼓励消费者购买环保产品，从而实现防止地球温暖化、恢复经济活力、普及数字电视等的政策目标。例如，日本政府对新建住宅和改造住宅实行绿色住宅生态返点制度，对符合节能法所规定的最高标准或与之相当的住宅发放每户 15 万点的生态返点，每点相当于 1 日元，可兑换商场代金券。

　　环保积分制度对经济社会可持续发展具有重要的推动作用，使消费者更加关注"统一节能标签"上提供的节能信息，产品的节能数据加大了生产厂家进行环保技术投入的市场压力，从而促进了绿色家电产业的良性循环（图 7-2），即通过向消费者提供适当的信息，可以促进消费者购买环保产品，而环保产品的普及又可以成为企业开发环保产品的动力。一方面，

这种"可视化"的节能宣传促进了节能产品的销售，同时绿色家电产业发展也获得了广大消费群体的支持，并形成广泛的波及效应和乘数效果，推动绿色消费的发展，进而实现经济社会的可持续发展。另一方面，由于家电、住宅和汽车等消费项目在家户开支中所占比重较大，且日常消耗的能源较多，日本政府通过绿色激励政策在这些项目上降低消费者购买绿色节能产品的负担，既可以显著提高绿色消费的成效，又可以激发消费者在未来购买其他节能产品的积极性。

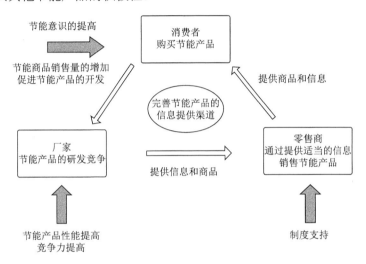

图 7-2 节能意识的提高促进了环保产业的良性循环

资料来源：根据日本环境省网站资料整理而成

第三节 日本绿色消费成效

日本政府于 2001 年正式实施的《绿色消费法》和与之配套的财政补贴、税收杠杆、绿色采购和环保积分等措施成效显著，具体表现在政府机构的绿色采购和家庭及企业的绿色消费两个方面。

日本政府机构和公共部门开展的产品、服务与公共工程绿色采购成效显著，表现在以下几个方面。第一，从公共采购项目数量和实施绿色采购比例看，日本环境省的统计数据显示，2001 年日本共有 90 个公共采购项目，其中 40 个项目实行了绿色采购，实施绿色采购比例约为 44.4%。《绿色消费法》实施以来，日本政府机构和公共部门的采购行为受到有效约束。到 2004 年，日本实施绿色采购的公共项目达到 146 个，其中 133 个项目均实行了绿色采购，实施绿色采购比例达到 91.1%。此后，日本政府机构和公共部门开展的公共采购项目的数量一路飙升,绿色采购的比例始终维持在 90%。到 2016 年,有超过 200 个公共采购项目,其中超过九成实行了绿色采购。第二,从减少二氧化碳排放量视角看,根据日本环境省的数据,2000—2016 年,日本政府机构和公共部门通过绿色采购合计减少了 35 767 吨二氧化碳排放量。如果按照 2015 年测算的日本一般家庭每年人均 2.2 吨的二氧化碳排放量标准计算,相当于当年节约了 1.63 万人的二氧化碳排放量。第三,从主要采购项目看,公务用纸和公务用车等的绿色采购率显著提高。在公务用车方面,《绿色消费法》鼓励政府部门率先采购电动汽车、天然气汽车、甲醇车和混合动力车四种模式的低排放车辆作为公务用车。

家庭作为消费的主体,其消费行为对低碳经济的发展具有重要作用。《绿色消费法》实施以来,日本政府通过财政补贴、绿色税收、环保积分等措施使居民的低碳环保和绿色意识显著增强。日本环境省、产业经济省及总务省的联合统计数据显示,仅 2009—2011 年,节能环保家电积分制度就为日本创造了约 5 万亿日元的经济收益。由此可见,全民参与绿色消费的建设效果显著。此外,企业作为生产的主体,其绿色生产行为对低碳经济的发展具有基础性作用。目前已有一批大型企业均通过实行绿色采购,定期发布企业社会责任报告及环境报告的方式参与绿色消费和绿色采购。此外,数量更多的中小型企业则被要求在官方网站发布环境活动报告和绿色采购报告等。根据日本环境省对企业践行社会责任和绿色采购的调查,近年来发布相关环境活动报告和绿色采购报告的企业越来越多。

第四节　本 章 小 结

本章全面考察了日本绿色消费现状,总结归纳了日本发展绿色消费在专项立法、财政补贴、税收杠杆、绿色采购和环保积分等方面的实践及特征,并分析了日本发展绿色消费取得的成效。借鉴日本绿色消费实践及低碳、循环社会的构建过程,对当前中国生态环境保护与经济社会可持续发展有一定的借鉴价值。通过本章分析,本书得出以下几个结论。

第一,日本绿色消费由缘起到成熟整个历程均以日本经济社会可持续发展为旨归,在经济发展不同阶段和时期呈现出不同的特点。在日本经济高速增长时期,受线性经济增长模式下市场价低质劣产品横行和国民高品质生活方式意识觉醒两方面因素的推动,绿色消费理念开始萌芽。20 世纪 70 年代后期受石油危机的影响,日本经济增速下滑,外部资源供给的冲击加之政府对低能耗、低污染产品消费理念的大力倡导,绿色消费理念真正崛起。随着"环境立国"战略的提出,日本社会进入绿色低碳消费时代,这标志着绿色消费理念的最终成熟。

第二,日本绿色消费各环节的利益相关者权责明晰。日本绿色消费法律制度与多重措施规定强制日本政府机构实施绿色采购、绿色消费;在政府示范带动作用下,配以价格机制鼓励消费者购买绿色产品;发动第三部门,引导企业加盟绿色采购网并实施环保标示制度。日本这种政府、企业、消费者、第三部门权责明晰且相连接的现代新型绿色消费模式,在能源资源高效利用的同时也维护了消费者的权利。

第三,日本政府在绿色消费理念推进实施过程中发挥着主导作用。日本政府的主导作用主要表现在以下几个方面。一是政府负责制订规划与目标。为促进经济社会可持续发展,从福田康夫首相提出的"福田蓝图"到麻生太郎首相任期内的"重启太阳能鼓励政策",日本政府都身体力行。二是政府负责监督管理。为提高监督管理效率,日本建立了多层次节能监督管理体系。三是政府利用财税政策加以引导。为促进节能减排政策的落实,日本政府出台了特别折旧制度、补助金制度、特别会计制度等多项财税优惠措施并加以引导,鼓励企业开发节能技术、使用节能设备。

第四,日本绿色消费重视国民参与。为鼓励全民参与绿色消费,日本政府一方面通过绿色消费专项立法的硬性制度明确消费者的责任与义务;另一方面通过财政补贴、税收减免等措施调节价格杠杆,辅之以环保积分制度和国民教育等措施,促使日本国民在日常生活中注重绿色消费,积极参与到绿色消费中来,最终实现经济社会的可持续发展。

第八章 日本环保成效：经济增长
与碳排放测度

本书追溯历史回顾了明治维新至今日本环保制度的建设状况，从宏观层面重点分析了二战后至今日本政府逐渐形成的以"一部基本法+两部综合性法律+六部专业性法律"为基础的环境保护法律体系，同时分析了以"循环型社会"与"低碳社会"为思想基础的"环境立国"经济发展战略。前文从微观层面考察了日本在容器包装物、家电产品、建筑垃圾、食品、汽车及小型家电产品领域的再生循环利用实施状况，介绍了日本发展低碳经济、废弃物贸易和绿色消费等方面的具体实践情况。日本在1956—1973年经济高速增长时期经历了污染、公害等环境问题，此后在"实现发展经济和保护环境双赢"指引下，日本政府、企业及消费者通力合作，全方位构建"循环型社会"、"低碳社会"和"与自然共存社会"，环境保护取得显著成效。为了进一步测度日本环境保护实践的成效，本章以经济增长与碳排放关系的库兹涅茨曲线为基础，引入能源消耗、人口增速等控制变量对日本人均 GDP 和人均碳排放之间的关系展开实证分析。通过研究日本1960—2014 年的库兹涅茨曲线考察日本环境保护的成效。

第一节 日本经济增长与碳排放关系

近年来，随着全球经济的发展，大量消耗一次性能源引发的环境问题日益严重。二氧化碳排放量的不断增加导致地球温暖化问题进一步加剧。多个国家有关气候变化的报告均指出，各国若仍然采用粗放的方式发展经济，那么到 21 世纪末全球气温将会上升 2℃～3℃。于是，越来越多的国家开始重视发展低碳经济，低碳经济逐渐成为一种新的经济模式。日本作为亚洲的发达国家，在经历了 1956—1973 年的经济高速增长后，碳排放增加、产业公害等环境问题日益凸显。日本逐渐意识到发展低碳经济的重要性，于 2004 年成为亚洲第一个宣布建立低碳社会的国家。日本在低碳社会的实践过程中，从税收、制度、法律、技术、国家战略等方面出发，采取全方位的措施，取得了显著的成效。日本在经历经济高速增长后，通过各种举措在低碳经济发展上迈出了重要的一步。中国可借鉴日本发展低碳经济的经验，从各方面采取措施，转变粗放的经济发展模式，从而在未来发展中实现经济增长与环境保护的双赢。

为研究日本经济增长与碳排放的关系，目前学者主要基于脱钩理论和库兹涅茨理论展开研究。Hossain（2012）对日本 1960—2009 年的二氧化碳排放量、能源消耗、经济增长、对外贸易和城市化程度进行实证分析，研究发现了日本经济增长与碳排放间逐渐脱钩的关系。有学者对日韩两国环境政策成效进行实证研究后发现，日韩两国在二氧化碳和二氧化硫排量与经济增长间关系均符合倒 U 形的库兹涅茨曲线要求，且韩国的库兹涅茨曲线拐点滞后于日本约 15 年。施锦芳和吴学艳（2017）以经济增长与碳排放关系的库兹涅茨曲线为基础，对比分析了中日两国人均 GDP 和人均碳排放之间的关系，研究发现中国的库兹涅茨曲线呈倒 N 形，而日本的库兹涅茨曲线呈 N 形。

现有研究主要使用人均 GDP 来衡量一国的经济发展水平，使用人均二氧化碳排放量衡量一国的碳排放程度。通过整理世界银行数据库的资料发现，1960—2014 年日本人均 GDP 和人均二氧化碳排放量数据均呈现增速放缓的趋势。其中，日本人均 GDP 在 1972—1973 年和 1991—1992 年前后都出现了增速放缓的趋势，这可能是由于 20 世纪 70 年代石油危机和 20 世纪 90 年代日本经济泡沫造成的影响。此外，日本人均二氧化碳排放量数据在 1971—1972 年前后同样呈现了增长速度突然放缓的趋势。如图 8-1 所示，1960 年日本人均二氧化碳排放量仅为 2.52 吨，随后一路飙升。另外，据日本环境省统计，垃圾排放量指标同样呈现出先增加后下降的趋势。特别是日本"环境立国"战略实施以来，日本垃圾排放总量和人均垃圾排放量开始出现明显下降（图 8-2）。

图 8-1　1960—2014 年日本人均 GDP 与人均二氧化碳排放量
资料来源：根据世界银行数据库资料整理而成

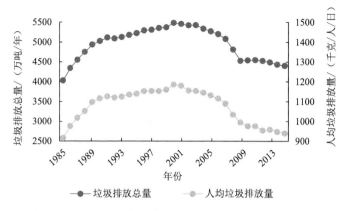

图 8-2　1985—2015 年日本垃圾排放总量与人均垃圾排放量

资料来源：根据日本环境省发布的《日本的废弃物处理》（2015 年版）整理而成

第二节　模型构建与数据来源

一、日本经济增长与碳排放库兹涅茨曲线模型构建

库兹涅茨曲线表明在工业化的过程中，随着人均 GDP 的不断增加，人均碳排放会呈现出不断上升的趋势，环境污染程度不断加剧，当人均 GDP 达到一定的程度时，人均碳排放呈现逐年下降的趋势，环境污染程度也在不断下降。

基于对传统库兹涅茨曲线的分析研究，本节主要考察经济增长与碳排放之间的关系。通过归纳总结现有文献发现，库兹涅茨曲线主要存在 N 形、倒 N 形、U 形、倒 U 形四种情况。即便存在线性情况一般也是处于 N 形和 U 形的早期阶段。因此，本节在进行模型设定时，分别对三次模型及二次模型的系数进行检验。若三次回归模型中相关变量的系数是统计显著的，则选择三次回归模型；若三次模型相关变量的系数是统计不显著的，则看二次回归模型系数的检验结果；若二次回归模型相关变量的系数是统计显著的，则选择二次回归模型；若三次回归模型及二次回归模型相关变量的系数都是统计显著的，则通过赤池（Akaike information criterion，AIC）信息准则及调整后的 R^2 进行判定。本节所使用的模型形式具体介绍如下。

三次模型为

$$\mathrm{LCO}_{2t} = \beta_0 + \beta_1 \mathrm{LGDPC}_t + \beta_2 \mathrm{LGDPC}_t^2 + \beta_3 \mathrm{LGDPC}_t^3 + \beta_4 S_t + \varepsilon_t \qquad (8\text{-}1)$$

二次模型为

$$\mathrm{LCO}_{2t} = \beta_0 + \beta_1 \mathrm{LGDPC}_t + \beta_2 \mathrm{LGDPC}_t^2 + \beta_3 S_t + \varepsilon_t \qquad (8\text{-}2)$$

在变量的选取上，首先本节借鉴了鹤见哲也（2008）对库兹涅茨曲线理论的反思，考虑到库兹涅茨曲线研究中每个目标变量必须满足两个条件：一是每个要素都与环境和经济密切相关；二是每个元素都是独立的，没有相互作用。本节在传统库兹涅茨曲线"环境-经济体系"的基础上加入了社会因素，构建了更具解释力的"环境-社会-经济体系"。

本节参考国内外传统库兹涅茨曲线模型使用人均二氧化碳排放量作为被解释变量来度量环境污染程度，记作 CO_{2t}。本书使用人均国内生产总值来度量经济增长，作为模型的核心解释变量，用 $GDPC_t$ 表示。同时，为了消除价格水平变化对 GDP 的影响，确保不同年份 GDP 的可比性，本节以 2005 年为基期，通过 GDP 平减指数计算得到各年的实际 GDP。考虑到库兹涅茨曲线存在的非线性关系，本节进一步引入人均国内生产总值的二次项和三次项作为模型的核心解释变量。最后，本节借鉴了 Hossain（2012）等学者的研究成果，引入人均能源消耗量和人口增长率等变量作为控制变量反映经济因素与环境因素之间的社会因素，从而构建了经济增长和环境保护的体系。

首先，介绍各个系数的含义及对应的库兹涅茨曲线形状。系数 β_1、β_2、β_3 正负值不同，代表的库兹涅茨曲线也不同。在此，主要介绍以下 4 种情况。

（1）当 $\beta_1<0$，$\beta_2>0$，$\beta_3=0$ 时。碳排放随着经济增长先下降、后上升，碳排放和经济增长之间呈正 U 形曲线关系（二次模型）。

（2）当 $\beta_1>0$，$\beta_2<0$，$\beta_3=0$ 时。碳排放随着经济增长先上升、后下降，碳排放和经济增长之间呈倒 U 形曲线关系，最早提出的库兹涅茨曲线假说就是此种形式（二次模型）。

（3）当 $\beta_1<0$，$\beta_2>0$，$\beta_3<0$ 时。碳排放随着经济的增长先下降、后上升、再下降，碳排放和经济增长之间呈倒 N 形曲线关系（三次模型）。

（4）当 $\beta_1>0$，$\beta_2<0$，$\beta_3>0$ 时。碳排放随着经济的增长先上升、后下降、再上升，碳排放和经济增长之间呈正 N 形曲线关系（三次模型）。

二、检验方法说明

首先，对相关变量的数据进行平稳性检验以避免出现伪回归。通常平稳性检验有多种方法，包括 DF 检验法、ADF 检验法、PP 检验法等。其中，ADF 检验是在 DF 检验基础上发展而来的。DF 检验只有在序列为 AR(1) 时才有效，但若存在高阶滞后自相关，就不能满足扰动项独立同分布的假定，此时可以使用 ADF 检验法进行单位根检验。同时，由于 ADF 检验的

t 检验稳健性要好于其他检验，因此本节主要运用 ADF 检验法进行检验。一般回归模型为

$$\Delta y_t = \gamma y_{t-1} + \sum_{i=1}^{p} \beta_i \Delta y_{t-1} + u_t \qquad (8-3)$$

$$\Delta y_t = \gamma y_{t-1} + a + \sum_{i=1}^{p} \beta_i \Delta y_{t-1} + u_t \qquad (8-4)$$

$$\Delta y_t = \gamma y_{t-1} + a + \delta t + \sum_{i=1}^{p} \beta_i \Delta y_{t-1} + u_t \qquad (8-5)$$

其中，模型（8-3）表示不带常数项和趋势项；模型（8-4）表示带有常数项，但是不包括趋势项；模型（8-5）表示既有常数项又包括趋势项。本节在进行 ADF 检验时，首先从模型（8-5）开始检验，其次是模型（8-4），最后是模型（8-3）。为了进一步验证相关数据的平稳性，本节进一步使用 PP 检验法进行检定，该检验法的回归模型与 ADF 检验法一致，原假设为被检验变量存在单位根过程。

其次，若变量未通过上述单位根检验则进行协整检验。进行协整检验的方法通常有两种，包括 E-G 两步法和 Johansen 检验法。E-G 两步法一般适用于两个变量之间的协整检验，Johansen 检验法则适用于两个以上变量之间的协整检验。若变量均通过上述单位根检验，则可直接进行回归。

三、数据来源及标准化处理

本节选取日本 1960—2014 年人均国内生产总值、人均碳排放量、人均能源消耗量和人口增长率的数据进行研究。所有数据均来源于世界银行网站数据库，相关变量说明见表 8-1。由于对数据取对数后不会改变原来的协整关系和经济含义，并且能够减少数据波动，消除数据中存在的异方差问题，便于解释回归系数。因此，本节分别对 $GDPC_t$、$GDPC_t$ 和其他控制变量的时间序列取对数，以 $LGDPC_t$ 表示人均国内生产总值的对数形式，以 LCO_{2t} 表示人均二氧化碳排放量的对数形式，所有变量的描述性统计见表 8-2。

表 8-1 变量说明

变量名称	缩写	单位	来源	时期
人均 GDP	GDPC	2010 年不变美元	世界银行数据库	1960—2014
人均碳排放量	CO$_2$	千克	世界银行数据库	1960—2014
人均能源消耗量	EUC	人均千克石油当量	世界银行数据库	1960—2014
人口增长率	POPG	百分比	世界银行数据库	1960—2014

表 8-2　变量描述性统计

变量	均值	25 分位数	50 分位数	75 分位数	最小值	最大值
LCO_{2t}	2.02	2.02	2.12	2.25	0.92	2.29
$LGDPC_t$	10.25	9.97	10.40	10.65	9.06	10.75
$LGDPC_t^2$	105.32	99.47	108.12	113.42	82.09	115.50
$LGDPC_t^3$	1084.20	992.12	1124.29	1207.94	743.78	1241.21
$LEUC_t$	7.96	7.91	8.02	8.27	6.77	8.31
$LPOPG_t$	−0.86	−1.40	−0.49	−0.07	−4.67	0.96

基于上述数据，本节首先考察了日本 1960—2014 年人均 GDP 与人均碳排放量之间的关系，并利用 Lind 和 Mehlum（2010）构建的 U 型检验和门槛回归模型进行稳健性检验，旨在研究日本经济经历了高速及低速增长后碳排放量的变化状况，以期为中国未来低碳经济的发展提供借鉴。

第三节　实　证　分　析

一、单位根检验

本节首先通过 ADF 检验法和 PP 检验法进行单位根检验，并以 AIC 信息准则确定滞后阶数。以 $\Delta GDPC_t$、ΔCO_{2t} 表示一阶差分，对日本 1960—2014 年的所有变量 $GDPC_t$、CO_{2t} 进行 ADF 检验和 PP 检验，结果见表 8-3 和表 8-4。

表 8-3　1960—2014 年日本经济增长与碳排放 ADF 检验

序列	ADF 值	1%临界值	5%临界值	10%临界值	结论
LCO_{2t}	−6.134	−3.574	−2.927	−2.598	平稳[***]
$LGDPC_t$	−7.422	−3.574	−2.927	−2.598	平稳[***]
$LGDPC_t^2$	−6.779	−3.574	−2.927	−2.598	平稳[***]
$LGDPC_t^3$	−6.168	−3.574	−2.927	−2.598	平稳[***]
$LEUC_t$	−6.725	−3.574	−2.927	−2.598	平稳[***]
$LPOPG_t$	−3.238	−3.574	−2.927	−2.598	平稳[**]

注：***、**、*分别表示在 1%、5%、10%的显著水平下显著

表 8-4　1960—2014 年日本经济增长与碳排放 PP 检验

序列	ADF 值	1%临界值	5%临界值	10%临界值	结论
LCO_{2t}	−5.245	−3.574	−2.927	−2.598	平稳***
$LGDPC_t$	−7.178	−3.574	−2.927	−2.598	平稳***
$LGDPC_t^2$	−6.555	−3.574	−2.927	−2.598	平稳***
$LGDPC_t^3$	−5.957	−3.574	−2.927	−2.598	平稳***
$LEUC_t$	−5.718	−3.574	−2.927	−2.598	平稳***
$LPOPG_t$	−2.986	−3.574	−2.927	−2.598	平稳**

注：***、**、*分别表示在 1%、5%、10%的显著水平下显著

由 ADF 检验结果可知，LCO_{2t}、$LGDPC_t$、$LGDPC_t^2$、$LGDPC_t^3$、$LEUC_t$、$LPOPG_t$ 是平稳的，即零阶单整的，表示 $LCO_{2t} \sim I(0)$、$LGDPC_t \sim I(0)$、$LGDPC_t^2 \sim (0)$、$LGDPC_t^3 \sim (0)$、$LEUC_t \sim (0)$、$LPOPG_t \sim I(0)$。从 PP 检验结果可以得出：LCO_{2t}、$LGDPC_t$、$LGDPC_t^2$、$LGDPC_t^3$、$LEUC_t$、$LPOPG_t$ 是平稳的，其中除了 $LGDPC_t$ 在 5%的显著性水平下显著外，LCO_{2t}、$LPOPG_t$、$LGDPC_t^2$、$LGDPC_t^3$、$LEUC_t$ 等变量均在 1%的显著性水平下通过了平稳性检验。由于 ADF 检验和 PP 检验都表明所有变量都是平稳的，因此不需要进行协整分析。

二、回归结果

基于前述单位根检验结果，根据式（8-1）建立日本 1960—2014 年相关变量回归方程。回归方程以人均碳排放量、人均 GDP 为核心变量，人均能源消耗量和人口增长率用作控制变量进行普通最小二乘法（ordinary least squares，OLS）回归，回归结果见模型 1。同时，本节使用稳健的 OLS 回归和 Bootstrap 方法进行稳健性回归，回归结果见模型 2 和模型 3。

如表 8-5 所示，在模型 1 中变量 LCO_{2t}、$LGDPC_t$、$LGDPC_t^2$、$LGDPC_t^3$、$LEUC_t$ 和常数项的 P 值均小于 1%，只有控制变量 $LPOPG_t$ 不显著；在模型 2 和模型 3 中变量 LCO_{2t}、$LGDPC_t$、$LGDPC_t^2$、$LGDPC_t^3$、$LEUC_t$ 和常数项的 P 值均小于 5%，只有控制变量 $LPOPG_t$ 不总是显著，说明回归结果比较稳健。模型的 R^2 达到 0.987，调整后的 R^2 也高达 0.986，说明模型具有很强的解释能力。

表 8-5　1960—2014 年日本碳排放与经济增长库兹涅茨估计结果

LCO_{2t}	模型 1	模型 2	模型 3
$LGDPC_t$	65.057***	65.057***	65.057**
	(20.22)	(24.01)	(30.61)
$LGDPC_t^2$	−6.451***	−6.451***	−6.451**
	(2.03)	(2.39)	(3.04)
$LGDPC_t^3$	0.213***	0.213***	0.213**
	(0.07)	(0.08)	(0.10)
$LEUC_t$	0.895***	0.895***	0.895***
	(0.09)	(0.11)	(0.12)
$LPOPG_t$	0.0300	0.030**	0.0300
	(0.02)	(0.01)	(0.02)
Cons	−223.308***	−223.308***	−223.308**
	(67.06)	(80.01)	(102.31)
N	55	55	55
R^2	0.987	0.987	0.987
调整后的 R^2	0.986	0.986	0.986
F	748.4		

注：***、**、*分别表示在 1%、5%、10%的显著水平下显著。括号内数值是标准误

变量 $LGDPC_t$、$LGDPC_t^2$、$LEUC_t$ 和常数项的系数均显著区别于 0，其中 $LGDPC_t$ 系数大于 0，$LGDPC_t^2$ 系数小于 0，控制变量 $LEUC_t$ 系数大于 0。而三次项变量 $LGDPC_t^3$ 系数和控制变量 $LPOPG_t$ 系数接近于 0。如前所述，在式（8-1）中当 $\beta_1>0$，$\beta_2<0$，$\beta_3>0$ 时。碳排放量随着经济的增长先上升、后下降、再上升，碳排放和经济增长之间呈正 N 形曲线关系（三次模型）。当 $\beta_1>0$，$\beta_2<0$，$\beta_3=0$ 时，碳排放量随着经济增长先上升、后下降，碳排放和经济增长之间呈倒 U 形曲线关系，最早提出的库兹涅茨曲线假说就是此种形式（二次模型）。由于表 8-5 呈现的回归结果中三次项变量 $LGDPC_t^3$ 系数为正，但接近于 0，因此可认为 1960—2014 年日本经济增长与碳排放之间存在着微弱的正 N 形曲线关系（三次模型）和较强的倒 U 形曲线关系（二次模型）。考虑到有学者提出传统仅凭借二次项和三次项系数正负号作为是否存在 U 形曲线关系的标准不够充分，尤其是当解释变量与被解释变量之间的真实关系很可能是凸且单调的。因此，本节将进一步采用 Lind 和 Mehlum（2010）的 U 型检验和门槛回归模型进一步验证 1960—2014 年日本经济增长与碳排放之间的倒 U 形曲线关系（二次模型）。

基于上述回归结果，1960—2014 年日本经济增长与碳排放关系可表示为

$$LCO_{2t} = -223.308 + 65.057 \times LGDPC - 6.451 \times LGDPC_t^2$$
$$+ 0.213 \times LGDPC_t^2 + 0.895 \times LEUG_t + 0.03 \times POPG \quad (8\text{-}6)$$

在控制了能源消耗、人口增长率等控制变量对人均二氧化碳排放量的影响后，本节聚焦于研究经济增长与碳排放之间的关系。通过对式（8-6）进一步的计算得出 1960—2014 年日本库兹涅茨曲线存在拐点，即 GDPC1J=24 100.79 美元。

由此可见，首先，1960—2014 年日本库兹涅茨曲线的第一个理论拐点位于人均 GDP 为 24 100.79 美元，出现在 1977—1978 年。其次，通过实证分析结果及前述对方程系数的定义可发现：1960—2014 年日本经济增长与碳排放之间呈倒 U 形曲线关系。

三、稳健性检验

本节试图采用 Sasabuschi（1980）及 Lind 和 Mehlum（2010）提出的 U 测试和门槛回归模型进行稳健性检验，旨在研究日本经济经历了高速及低速增长后碳排放的变化状况，以期为中国未来低碳经济的发展提供借鉴和启示。

如前所述，仅凭借二次项和三次项系数正负号作为是否存在 U 形曲线关系的标准不够充分，尤其是当 x 与 y 之间的真实关系很可能是凸且单调的。为了使 U 形曲线条件充分，本节采用 SLM-U 测试判断传统的计量经济模型是否适用于测试联合原假设，该假设在区间关系的左侧减小并且在区间的右侧增加，反之亦然。具体公式为

$$LCO_{2t} = \beta_0 + \beta_1 LGDPC + \beta_2 LGDPC_t^2 + \beta_3 LGDPC_t^3 + \beta_4 S_t + \varepsilon_t \quad (8\text{-}7)$$

联合原假设为

$$H_0: (\beta_0 + 2\beta_1 LGDPC_{min} \leqslant 0) \cup (\beta_0 + 2\beta_1 LGDPC_{max} \geqslant 0)$$

检验结果表明变量 $LGDPC_t$ 在 10%的显著性水平上拒绝了原假设，进一步证实了日本 1960—2014 年经济增长与碳排放之间存在倒 U 形曲线关系。

为进一步检验理论拐点位置的稳健性，本节对式（8-1）使用门槛模型寻找门槛值点。回归发现门槛值点在 $LGDPC_t$=10.053，即 $LGDPC_t$=23 225.35 美元时。如图 8-3 所示，门槛值点位于 1977 年。变量 $LGDPC_t$ 在 1960—1977 年的系数要大于 1977—2014 年的系数，表明日本人均碳排放量在 1977 年后逐渐平缓。这与表 8-5 得到的结论一致，说明拐点的测算是稳健的。1960—2014 年日本碳排放量随着经济增长先增加后下降，在 1973—1974

年前后呈现平缓的趋势，样本区间后期日本碳排放量基本稳定，并呈现出逐渐下降的趋势。

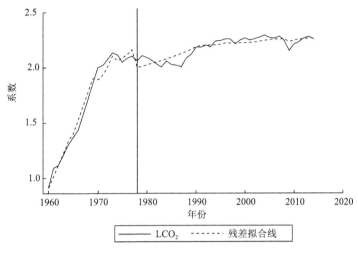

图 8-3 1960—2014 年日本碳排放门槛检验

第四节 日本库兹涅茨曲线分析

本节以经济增长与碳排放关系的库兹涅茨曲线为基础，引入能源消耗、人口增长率等控制变量分析日本人均 GDP 和人均碳排放量之间的关系。实证分析结果表明，日本 1960—2014 年经济发展与碳排放之间存在倒 U 形曲线，拐点大约位于 1977—1978 年，出现这一结果的具体原因如下。

第一，20 世纪 60 年代日本在"国民收入倍增计划"指导下，GDP 实际增长率保持在 11.0%以上，并且这一时期石油代替煤炭成为主要能源，10 年间能源消耗增加了三倍。日本内阁府的统计数据显示，与经济高速发展初期相比，1970 年化工、钢铁、机械等重化学工业产值占工业生产总值的比重达到 62.6%，重化学工业的快速发展使得碳排放量大量增加，导致日本社会出现了水俣病、痛痛病等"四大公害"。可见，大量石化能源的消耗及重化学工业的发展，加快了经济高速发展时期碳排放量的增加。

第二，随着经济的高速发展，日本的生活水平不断提高，医疗水平和卫生条件都得到了很大的改善，死亡率明显降低，人口规模不断扩大。随着人口的不断增长，碳排放量也在不断增加。

第三，20 世纪 70 年代发生了两次石油危机，这对能源严重依赖进口的日本经济造成了致命打击，日本经济也因此转入低速发展时期。由于经济发展速度的降低，经过数年的缓冲期后，碳排放在 1977—1978 年出现拐点，逐渐呈下降趋势。

第四，随着日本经济的不断发展，其逐渐成为发达经济体中的重要成员，因而发达国家加强了对日本高技术领域的保护，对日本后期的经济发展起到一定的遏制作用。经济发展的减缓，导致了碳排放的下降。同时，在环境立法方面，政府先后制定《公害对策基本法》《大气污染防治法》等相关法律，也对碳排放量的增加起到了很好的抑制作用。

第五，从 20 世纪 90 年代至今，日本从多方面推进低碳经济建设。首先是立法，日本制定了 10 部关于发展低碳经济的法律，如《促进新能源利用特别措施法》（1997）、《节约能源法》（1998）、《循环社会形成推进基本法》（2000）等，涉及家电、汽车、建筑、食品等多个行业。其次，日本为了减少二氧化碳等温室气体的排放，设立环境税，在征收石油煤炭税的基础上加收环境税。为了进一步控制碳排放，2005 年日本政府还颁布《自主参加型国内碳排放交易制度》，引入温室气体碳排放权交易制度，取得了较好的成效。

综上，经济增长导致碳排放增加，是发达国家和发展中国家所必须经历与面临的相同环境问题。本章的实证分析结果表明，日本经济高速增影响，日本在 1977—1978 年翻越了库兹涅茨曲线的高峰。自 20 世纪 90 年代开始，日本政府致力于构建低碳型社会，日本走上了库兹涅茨曲线低污染的"下坡路"。通过对日本不同阶段库兹涅茨曲线的对比可以发现，尽管经济经历过高速增长时期后，碳排放会逐渐减少，但是短暂的下降并不一定就是未来的一种趋势，要想真正控制碳排放的增加，仍然需要政府、企业等从各个方面采取长期而有效的措施。

第五节　本　章　小　结

近年来，日本政府大力构建"循环型社会"、"低碳社会"和"与自然共存社会"，并取得了一定的成果。本章以库兹涅茨曲线为基础实证分析日本人均 GDP 和人均碳排放之间的关系。通过研究日本 1960—2014 年的库兹涅茨曲线考察日本环境保护成效。

第一，为研究日本经济增长与碳排放的关系，学者基于脱钩理论和库兹涅茨曲线理论展开研究。其中，目前库兹涅茨曲线主要存在 N 形、倒 N 形、U 形、倒 U 形四种情况。现有研究大多证明日本经济增长与碳排放之间遵循了倒 U 形的库兹涅茨曲线，也有部分研究发现日本的库兹涅茨曲线呈 N 形。本章的实证结果证实了日本 1960—2014 年经济增长与碳排放之间存在倒 U 形曲线关系。

第二，变量选取方面，现有研究多数使用人均 GDP 度量经济增长水平，使用人均碳排放量度量碳排放量，并通过引入人均碳排放量的二次项和三次项测度库兹涅茨曲线存在的非线性关系。本章在传统库兹涅茨曲线"环境-经济体系"的基础上进入了社会因素，构建了更具解释力的"环境-社会-经济体系"，通过引入人均能源消耗量和人口增长率等变量作为控制变量反映经济因素与环境因素之间的社会因素，从而构建了经济增长和环境保护的桥梁。

第三，本章首先对所有变量通过 ADF 检验法和 PP 检验法进行单位根检验，检验结果表明所有变量均较为平稳。其次，基于单位根检验结果分别构建了包含核心解释变量二次项和三次项的回归模型，回归结果支持了日本 1960—2014 年观测期内经济增长与碳排放之间存在微弱的正 N 形曲线关系（三次模型）和较强的倒 U 形曲线关系（二次模型），并计算得到理论拐点位于 1977—1978 年。最后，分别使用 U 型检验和门槛回归模型进一步进行稳健性检验，U 型检验结果表明日本 1960—2014 年经济增长与碳排放之间存在倒 U 形曲线关系，门槛回归模型表明观测期内日本碳排放量在大约 1973—1974 年后呈现放缓的趋势。

第四篇　思考借鉴

第九章 中国环境保护状况及问题

环境保护是中国的基本国策。改革开放 40 多年来,中国经济快速发展的同时也带来了自然资源损耗、生态系统退化、环境污染加剧及公众健康受损等诸多负面影响。近年来,中国政府充分认识到这种发展方式的不可持续性,长期致力于实现发展经济和保护环境双赢。目前,中国经济经历了高速增长后,进入新常态发展时期,经济转型升级也进入了爬坡过坎的关键阶段,产业结构调整及高质量经济发展等问题也迫在眉睫。而这些难题均与实现环境保护密不可分。本章首先概述改革开放以来中国政府环境保护的实施历程及总结归纳其特征,然后从宏观和微观两个层面分析中国在环境保护方面存在的主要问题。

第一节 中国环境保护实施状况及特征

发展经济的同时还需做到保护环境是中国经济发展过程中需要应对的重大课题。因此,长期以来,中国政府一直高度重视环境保护,全方位推进和实施环境保护政策。

一、中国环境保护实施历程

(一)起步探索阶段(1978—1990 年)

1978 年改革开放初期,国家对环境保护问题的认知较为粗浅,加之当时的工作主要围绕经济建设展开,因此,环境保护仅仅处于起步和探索阶段。

这一时期,高能耗、高污染的粗放型经济增长方式虽推动 GDP 以年均 9.3%的速度增长,但是,受工业化过程中的陈旧设备与落后技术、对生态环境与经济发展协调统一关系割裂等因素的影响,各种环境污染问题开始凸显并呈加剧之势。为使环境保护及时跟上经济发展的步伐,中国政府陆续出台了一系列法律法规。1979 年,第五届全国人民代表大会常务委员会审议通过了《中华人民共和国环境保护法(试行)》。1982 年,中国政府陆续出台了大气污染、水污染等领域的各项专项法律与行政法规。1983 年,中国政府将环境保护确立为一项基本国策,由此国民对环保问题的认识和保护环境的意识开始增强。同时，为配合环境保护监管工作的开展，国家环境保护局①等实施环境保护的行政管理机构逐渐成立。但是，这一时期环保行政机构职能微弱，环保政策的贯彻落实和法律执行效果并不理想。

（二）加速调整阶段（1991—2000 年）

进入 20 世纪 90 年代后，政府统一领导规划、环境保护行政管理机构和相关部门各司其职、企业作为防治污染责任主体、社会监督渠道健全的环境保护体制得以建立。

1991 年以后，《中华人民共和国水土保持法》《中华人民共和国节约能源法》《中华人民共和国海洋保护法》等法律陆续出台，以充实完善环境保护立法根基，环境保护具体领域得到进一步细化。围绕环境保护政策体系，环境保护税得到有效实践并且交易许可证制度得到广泛推行。这一时期，伴随着中国经济的快速增长，环境污染作为经济社会发展的副产物逐渐凸显出来，并引起了政府和国民的关注。虽然国家在环境保护法律设计、行政监管等方面加大投入，但由于监管与治理行动缺乏力度且未能触及生产方式和经济结构的根源，因此，各种环境公害问题凸显，主要环境统计指标呈现出恶化的趋势，如何在发展经济的同时实现环境保护成为摆在政府面前的重大难题。

（三）推进完善阶段（2001—2010 年）

进入 21 世纪后，转变经济发展方式，大力发展循环经济和低碳经济，减少资源能源浪费与提高再生利用率成为这一时期环境保护的重点。2005 年后，为开展节能减排和实现循环利用，中国政府先后出台了《中华人民共和国可再生能源法》《中华人民共和国节约能源法》（2008 年修订）、《中华人民共和国循环经济促进法》等法律。这一时期，政府开始转变环境保护与治理工作思路，从传统的末端治理方式向结构调整等全过程控制模式转变。以市场经济微观主体的利益为手段调节企业的生产行为，使企业的环保积极性得到较大提高，节能减排的情况也因此大幅改善。围绕着科学发展观、建设资源节约型环境友好型社会目标，环境保护行政管理机构的职能再次扩大，原国家环境保护总局升格为环境保护部，行政监管能力进一步提升。在环境保护监管方面，除单一的法律工具与行政力量外，社会行动体系参与短板被逐渐补齐。

---

① 国家环境保护局成立于 1984 年，1998 年升格为国家环境保护总局，2008 年更名为环境保护部，2018 年更名为生态环境部。

（四）趋向成熟阶段（2011 年至今）

2011 年以后，中国政府高度重视环境保护问题，在行政管理机构改革、政策与法治完善、能力保障和社会行动提升等方面做出全面部署，环境保护和治理能力进一步现代化，环保体系渐趋完善。

这一时期，中国经济由高速增长转向中高速增长，经济发展方式由以前的粗放、过度追求速度向集约、注重质量转变。党的十八大、十九大等重要会议均阐述了生态文明建设的重要性，标志着环境保护被提升到国家战略层级。2014 年《中华人民共和国环境保护法》重新修订，2018 年《中华人民共和国环境保护税法》进一步将绿色税费法制化，2018 年"生态文明"被写入《中华人民共和国宪法修正案》，使环境保护法律效力得到进一步强化。通过上述努力，环境保护法律体系由综合性法律到各项专项法律、由最高级别宪法到具体法律条文规定、由定义到细化做法，顶层设计日益完善。环境保护行政管理机构作为统筹全局的重要力量，2018 年，国家环境保护部进一步整合各部门分散职责，成立生态环境部，使环境保护监管能力进一步提升。在扩大社会行动体系方面，除进一步健全多元化公众参与平台，畅通和完善公众参与环境保护的途径、方式和机制外，还引入公益诉讼等司法手段，使环境保护法律真正做到了科学立法与严格执法相结合，美丽中国正内化为全民自觉行动。同时，环境教育的加强和环境保护费用支出的加大也成为完善环保体系的重要力量。

二、中国环境保护的特征

改革开放 40 多年来，中国环境保护从无到有，逐步完善。总结归纳其发展历程发现，中国的环境保护政策和活动具有以下两个特征。

第一，中国的环境保护政策发生了质的变化，主要表现在环保对象、环保手段和环保机制三个方面。一是环保对象逐渐扩大。改革开放初期，中国环境保护政策主要针对生产环节的工业"三废"（废水、废气、固体废弃物）的治理，环保对象较为单一。随着经济社会的发展和对环境问题认识的深化，环境保护政策对象逐渐延伸到生产、流通和消费的全过程。二是环保手段从单一到种类齐全。改革开放之初，中国环境保护政策主要是对排污主体收费，环保手段单一。随着环保工作的有序推进，诸如补贴、绿色税收等财税政策、绿色信贷、绿色采购等越来越多的政策措施相继实施，环保政策种类日趋齐全。三是环保机制从命令控制机制为主到强调市场机制。中国早期的环境保护政策多以命令控制机制为主，强调令行禁止，简单直接。但是，随着环保对象不断丰富和环保手段日益齐全，中国开始重视市场机制对生产者和消费者所起的绿色生产与绿色消费的积极作用。

第二，中国的环境保护活动呈现出从被动治理到主动预防和从政府主导到各主体参与的特征。一是从被动治理到主动预防，改革开放之初，伴随着经济高速增长，各种环境问题日益凸显，环境指标日趋恶化，使政府在发展经济的同时开始关注环境保护。随着中国经济发展进入新常态，人民和政府对环境保护提出了更高的要求。环境保护活动正朝源头治理、污染防治方向转变。二是从政府主导到各主体参与，为使环境保护及时跟上经济发展的步伐，中国政府自改革开放以来出台了一系列相关的法律法规。企业和居民的环境保护意识不断增强。

第二节　中国环境保护存在的问题

本书利用八章的篇幅，深入分析了日本二战后至今环境保护的推进状况、制度构建，以及围绕循环经济、低碳经济、废弃物贸易、绿色消费等展开的环保实践。通过前述归纳可知，中国自 1978 年改革开放以来，围绕环境保护问题出台了具体而翔实的法律法规，开展了大量卓有成效的环境保护实践。然而，中国在循环经济、低碳经济、废弃物贸易、绿色消费等方面还存在着如下不足。

一、宏观层面的问题

第一，专门性法律缺失。如前所述，通过改革开放 40 多年来，中国逐渐形成了由多部环境法规、资源管理法律、环境资源管理行政法规和环境规定构成的环境保护法律体系。但是，围绕如大小型家电回收、食品垃圾循环、包装物回收利用、汽车零部件再利用、绿色消费等具体领域的专项立法较为缺失，这就导致具体操作环节无章可循，缺乏细则明确、可操作性强的纲领性文件。

第二，财税配套政策与激励机制不足。由前述归纳可看出，中国已经出台和制定了诸多环境保护政策措施，但是，目前中国还没有建立有效的引导和激励政策体系。企业和个人缺乏参与环境保护的积极性与主动性，这与政府引导和政策激励密切相关。例如，对使用节能节水产品，节能建筑，节能家电，低油耗、低排量汽车等的财税扶持力度不够，对浪费资源或大量耗能耗材的行为还没有相应的限制性的税收政策。

第三，国民环保意识有待提高。例如，一部分人认为循环经济、低碳经济等是生产、管理和环保部门的工作，与己无关。还有人认为中国是发展中国家，减贫是首要问题，因而迫于经济增长和就业压力盲目追求经济增长，忽视了环境保护问题。上述认识上的偏颇，影响了国民参与环境保护的主动性和积极性。

二、微观层面的问题

（一）家电回收再利用

第一，回收市场不规范，回收源头不可控。中国政府虽然先后出台了《再生资源回收管理办法》《废弃电器电子制品回收处理管理条例》等法规，规定从事再生资源回收经营活动者必须持有营业执照，对废弃电器电子产品处理实行资格许可制度，未取得废弃电器电子产品处理资格的单位和个人禁止处理废弃电器电子产品。但实际上，目前中国小型家电废弃物的回收企业的回收处理技术落后，回收后对资源价值低的废弃物简单焚烧、掩埋处理，严重污染了环境。这种回收方式还干扰了正常的经济秩序，往往使正规处理企业不能有效获得废弃物资源。

第二，回收处理的补贴不到位，回收活动开展乏力。为了促使家电正规回收拆解，从 2012 年开始实施的《废弃电器电子产品处理基金征收使用管理办法》规定对家电生产企业征收一定费用，然后对处理企业按照拆解电子产品数量给予定额补贴。截至目前，针对小型家电废弃物的回收处理补贴迟迟未能提上日程。小型家电质量良莠不齐，可回收部件的利润也不丰厚，使回收主体没有足够的动力开展回收活动。

第三，家电回收品种尚不完善，需要进行实时动态调整。中国针对家电废弃物的回收品种还不完善，尚未形成如日本《小型家电再生利用法》中规定的 16 类特定对象产品和 28 类回收产品那样较齐全的回收品种。2016年中国新实施的《废弃电器电子产品处理目录（2014 年版）》中的 14 类废弃电器电子设备中除空调、电视机、电冰箱、洗衣机等 4 类大型家电外，只有 7 类属于小型家电。其中，传真机、监视器、微型计算机、手机和电话单机同属于日本 16 类"特定对象产品"，打印机和复印机属于日本 28 类回收产品。随着中国经济的发展和技术的进步，未来家电废弃量将越来越大，家电品种也将越来越多，废弃家电回收品种有待动态调整及完善。

（二）建筑废弃物回收再利用

"十三五"规划中提出要推进建筑废弃物资源化利用和无害化处理系

统。《中共中央 国务院关于进一步加强城市规划建设管理工作的若干意见》提出："到 2020 年，力争将垃圾回收利用率提高到 35%以上。"但是，截至目前建筑垃圾资源化利用率并未达到预期，尚未形成完善的建筑垃圾回收处理体系。目前中国建筑废弃物再生利用主要存在以下问题。

第一，缺乏全国性的专项法律和综合协调管理部门。中国目前尚未出台专门针对建筑废弃物回收再利用的全国性法律法规，相关的法律法规和政策规定较为笼统和分散，缺乏具体、可操作、强制性的条款。建筑废弃物回收再利用是一项系统工程，不仅涉及生产、运输、处理、再利用等环节，还受到国家发展和改革委员会、住房和城乡建设部、生态环境部、工业和信息化部等多部门的领导。当前零散的法律法规仅局限于对环境污染的末端处理环节，并未延伸到回收处理的全过程。虽然部分城市尝试制定地区性的建筑废弃物管理规定，但由于缺乏全国性建筑废弃物回收再利用法律和综合协调管理部门的规范，在回收和再利用的各个环节责任主体不明确，管理职责不清晰等问题凸显，难以形成一个闭合的建筑垃圾处理链以真正实现建筑垃圾的再利用。

第二，缺乏建筑废弃物再生利用的配套制度和激励措施。一方面，过去靠收取少量垃圾处理费控制建筑垃圾产生量这种单一的政策手段难以从源头上实现建筑垃圾的减量化。另一方面，中国缺乏对建筑废弃物循环利用产业在土地、资金、原材料等方面的配套制度和激励机制。加工场地的地价和建筑垃圾运输成本推高了建筑垃圾再生企业的成本，使企业利润微薄，需要相应的财政和税收政策倾斜以调动企业的积极性。

第三，市场对建筑垃圾再生产品认可度不高。在中国，相关行业标准尚不健全，相较国际质量体系标准还有一定的差距，对分类、生产、监测等环节的规范还是空白。这导致建筑垃圾再生产品的质量良莠不齐，削弱了产品在市场上的认可度。而采用再生材料制成的再生产品相较于天然材料制成的建材并无价格优势，国家只提出鼓励工程中优先采用建筑垃圾再生产品而未提出明确的定额要求，使得工程建设单位更青睐于传统产品。加之公众对建筑垃圾再生产品存在误解，认为再生产品是由垃圾制成的，对建筑垃圾再生产品的质量和安全性存在疑虑。

（三）食品垃圾回收再利用

第一，食品垃圾产量巨大，但再资源化率低。目前，中国大多数城市的做法是，将生活垃圾与食品垃圾混合堆放、收集，然后进行焚烧、填埋处理。在整个过程中，垃圾混合堆放为后续处理增加了难度。另外，焚烧和填埋两种处理方式实现食品垃圾再资源化可能性较小，对食品垃圾资源造成了极大浪费。即使在食品垃圾循环利用体系发展较好的城市，其食品垃圾资源化率也相对较低。

第二，食品垃圾处理技术偏低。中国现有的食品垃圾处理形成了"四大模式"：以厌氧消化为主的"北京模式"；以饲料化技术为主的"西宁模式"；采用动态好氧消化技术的"上海模式"，此技术多用于污水处理；生产菌体蛋白、饲料添加剂和工业油脂的"宁波模式"。但是，上述模式均存在处理技术不高、处理不到位的问题。另外，大部分食品垃圾处理企业对食品垃圾的处理并不彻底，通常将食品垃圾液体部分直接排放到城市污水处理系统，其中的高盐分不利于微生物生长且易腐蚀设备，加重了污水处理系统的负担。

第三，居民食品垃圾分类意识薄弱。目前，国内对食品垃圾危害及资源化意识普及程度不够，大多数人仍未认识到食品垃圾的潜在价值，缺乏将食品垃圾变废为宝的意识。食品垃圾"减量化、再资源化、再利用"处理的一个重要前提是垃圾分类投放，目前只有北京、上海、杭州、广州等少数城市真正试点运行了食品垃圾分类收集，其余城市中大多数将食品垃圾与其他生活垃圾混合堆放或者直接排入下水道，缺乏合理的分类收集措施。更为严重的情况是，一些城市的环卫系统并未意识到垃圾分类的重要性，将居民分类后投放的生活垃圾混合运输。

（四）汽车回收再利用

第一，中国缺乏协调统一的汽车管理和回收再利用体系，各职能部门各自为政。中国现行的报废汽车回收利用法律法规主要有《报废机动车回收拆解管理条例（征求意见稿）》《报废汽车回收管理办法》《汽车产品回收利用技术政策》等，这些法律法规都是各部委、各地区颁布的，较日本全国性专项法律法规缺乏权威性、专业性。法规内容也局限于对报废汽车的监管，而忽视了对报废汽车潜在的环境破坏的风险管理及可用资源的回收利用。从信息管理方面看，中国汽车信息管理一直处于混乱状态，且管理信息无法共享。国家经济贸易委员会、商务部等都是汽车的管理部门，在管理过程中产生了大量有价值资料和数据。但是，这些资料和数据仅作为各部门内部资料保留，并不对外公开。

第二，汽车再生利用责任不明晰，尚未形成回收再利用闭环。从生产厂商看，目前中国汽车生产制造企业绝大多数只负责汽车的生产，对回收再利用的延伸责任并不关注。中国缺乏专门的汽车回收、拆解、再资源化的企业，往往由汽车回收企业同时承担回收、拆解和循环利用的责任。

第三，汽车再资源化拆解技术落后，致使污染进一步扩大。目前，中国汽车报废循环利用行业依然属于劳动密集型，对分解和破碎设备等报废处理设备的引进迟缓，手工拆解、分拣仍是行业主流。在国家贸易委员会认定的回收解体企业当中，引入大型粉碎机的企业仅有屈指可数的几家，除此以外的企业基本采取手工拆解的劳动力密集型作业方式。缺乏专业处理设备不仅导致再资源化效率低下，而且可能导致再资源化过程中的污染进一步扩大。

（五）容器包装回收再利用

第一，缺乏统一的行业标准，回收管理混乱。容器包装再生利用的源头在于绿色包装，但目前中国政府和相关行业并未制定出统一的容器包装标准，导致市场上包装规格五花八门。不同规格的包装物标准不一致，还导致分类回收滞后、回收渠道分散等问题，大大降低了容器包装物的再利用率。

第二，生产及快递企业缺乏回收动力，消费者回收意识薄弱。过去，人们对饮料瓶、易拉罐、玻璃瓶等容器包装物还保持着回收变卖的思想，但随着经济发展和生活水平的提高，由于缺乏有效便捷的回收渠道，人们对回收变卖容器包装物的收入不以为然。而从企业角度看，由于缺乏统一的行业标准、容器包装规格和高效的回收渠道，生产及快递企业通过逆向物流回收容器包装物的成本过于高昂。在没有看得见的利润和政策激励的情况下，生产及快递企业缺乏回收动力。

（六）发展低碳经济方面

第一，低碳技术研发创新力度不足。大多数企业追求短期利益，企业内部缺乏技术创新机制，企业对低碳技术创新的重视不够，特别是中小企业没有投入足够的动力、人力、财力、物力来开展周期长、风险大的低碳技术研发。另外，从企业的设备技术看，与工业发达国家相比，目前中国大部分工业企业生产的工业制品的单位能耗较高，尚未达到低碳要求。同时，中国大部分高耗能高排放企业低碳排放设备和零部件的自主创新与开发能力弱，许多核心技术和关键设备都依赖进口，无法依靠企业内部的自主技术创新来推动企业向低碳化转型和升级。

第二，中国大部分居民对低碳概念认识度和接受度还不够高，消费方式尚未转向绿色低碳消费。目前，中国低碳技术尚不够成熟，开发和使用成本较高，导致生产出的低碳产品价格一般要高于同种类商品，而中国大部分居民的消费观念尚未转变为绿色消费观，大部分消费者的节能减排意识、生态意识和社会责任感都还不足以使其在消费购物时放弃价格相对低廉的商品而选择同类型价格较高的节能环保商品。

（七）废弃物贸易方面

第一，废弃物贸易结构和产业结构有待优化。目前中国进口的废弃物依然以"高污染，低价值"的废弃物为主，进口废弃物贸易结构尚未得到明显升级和改善。目前中国回收利用废弃物的产业主要以冶金、造纸和化工行业为主，而这部分行业都属于高排放高污染产业。在废弃物原料回收利用环节，有的企业为追求经济利益，可能以牺牲环境为代价生产价低质劣的产品，最终影响再资源化行业的健康发展。

第二，政府对废弃物贸易和环境监管标准偏低。中国是西方发达国家的主要废弃物出口国，中国每年都会从美国和日本等国进口大量的废弃物，究其原因就是中国对废弃物贸易监管空泛和对环境监管标准低。中国废弃物贸易的监管由海关总署、国家市场监督管理总局、生态环境部、商务部、国家发展和改革委员会等五部门共同负责，各部委间缺乏协同监管机制，漏洞较多，倒卖许可证、伪报瞒报、绕关走私、贿赂政府监管人员等违法行为时有发生。而进入中国的废弃物在堆放、拆解、二次加工利用的过程中也容易对大气、水、土壤产生污染，但中国现有的环境监管标准和监管力度都无法确保废弃物在堆放、拆解、二次加工利用过程中达到环境保护的标准。然而，2018 年 1 月 1 日，中国正式对废弃塑料、纸类、废弃炉渣等 24 类"洋垃圾"实施进口禁令，这一进口禁令对中国环境保护的成效逐渐显现。

第三，废弃物处理技术不完善制约废弃物贸易发展。中国大部分回收利用企业在废弃物分拣、处理、二次加工及排放的技术水平层次较低，制约着中国废弃物贸易的发展。中国废弃物处理的设备研发能力和废弃物处理的技术尚处于较低水平，大部分企业都不具备成熟完善的废弃物回收—利用—加工技术。因此，在企业的生产过程中，大量使用废弃物原料，必将对中国整体生态环境造成极大的损害。

（八）绿色消费方面

第一，缺乏统一的绿色消费标示，居民绿色消费意识薄弱。企业和民众对绿色产品的认可是消费者绿色消费的基础。而绿色消费的概念在中国还处于起步阶段，目前还没有形成一套绿色消费推进的体系，企业缺乏绿色生产的动力，绿色消费的理念尚未深入人心。目前，中国有多家绿色产品认证机构和节能、环保标示体系，但现有的这种碎片化的标示制度尚未为广大消费者所接受，也未与国际绿色标准接轨，缺乏对产品的全生命周期生态负荷的考虑。

第二，缺乏有针对性的税收和补贴制度。中国尚未建立与国际接轨的绿色税制，也缺乏针对绿色产品生产和消费环节的补贴。由于绿色产品的研发、生产和回收的全生命周期成本一般要高于普通产品，但中国从事绿色生产的企业规模较小，难以满足绿色生产要求，加上中国在知识产权保护方面还存在着不足，企业前期投入巨资生产的绿色产品可能被其他企业模仿，因而很多没有动力从事绿色生产。这要求政府在前期积极使用财税政策对生产绿色产品的企业进行补贴，引导消费者购买绿色产品。

第三节　本 章 小 结

自 1978 年改革开放后中国政府对环境保护问题日益重视，至 1983 年环境保护被确立为一项基本国策，再到党的十八大提出生态文明建设与美丽中国理念，国家、政府及社会民众对中国环境保护与资源循环再生利用的认识和行动均得到深化与提高。在全面梳理总结中国环境保护状况，并对其特征加以分析的基础上，本章得出以下结论。

第一，中国的环境保护大致经历了起步探索、加速调整、推进完善和渐趋成熟四个阶段，贯穿改革开放后中国经济发展的全过程。从环境保护"落后"于经济发展的步伐到环境保护与经济发展"亦步亦趋"，中国的环境保护也呈现出明显的主体与阶段性特征：一是中国的环境保护政策在环保对象、环保手段和环保机制三个方面发生了显著改变；二是中国的环境保护经历了一个由被动治理到主动预防和由政府主导到各主体积极参与的变化过程。

第二，中国的环境保护建设取得了丰硕的成果，而随着经济发展进入新常态与改革攻坚行动的持续推进，中国的环境保护也面临着新的挑战。在这些挑战面前，中国的环境保护状况也凸显出了宏观与微观层面的不足之处。

第十章　环境保护研究的启示与建议

通过本书分析可知，日本不仅创造了经济持续高速增长的奇迹，还创造了在较短时间内克服严重污染推进环境保护的另一个奇迹。2010年，中国超越日本成为全球第二大经济体以来，中国进入经济社会高速发展和转型的新时期。在经济取得突飞猛进增长的同时，中国的社会和民生领域面临着环境、资源、人口等诸多挑战，特别是保护生态环境促进经济繁荣成为亟待解决的重要问题。未来，为保持中国经济社会可持续健康发展，必须尽一切可能消除环境污染给经济增长和人民生活带来的负面影响。日本克服污染与保护环境的实践和经验为中国制定环境保护与经济发展双赢战略提供了重要的启示与借鉴。

第一节　日本经验对中国的启示

改革开放 40 多年来，中国经济发展取得了举世瞩目的成就，然而，中国的环境保护之路依然任重道远。中国进入了经济强国的行列，通过数年的学习和努力也必将成为一个青山绿水、绿树成荫的绿色环保之国。习近平、李克强等国家领导人的重要讲话及党的十八大、十九大报告中多次强调了加大生态保护、改善生态环境的重要性。为实现美丽中国的梦想，必须把生态文明建设放在突出地位，将其融入经济建设、政治建设、文化建设、社会建设各方面和全过程。但实践中，企业违法生产、违法经营、违法排污现象还时有发生。中国目前的环境状况还面临着严峻的挑战，雾霾等空气污染、水污染、资源浪费、食品安全等问题是今后经济发展过程中需要应对的重要课题，也是国民期盼解决的焦点问题。日本的环境保护理念、环境治理经验及措施，对中国具有很好的借鉴意义。

第一，制定长期环保战略，确保经济增长的同时实现环境保护，构建低碳社会和循环型社会，达到人与自然的和谐相处，最终实现环境保护和经济增长双赢。《21世纪环境立国战略》是日本政府制定的以促经济增长为目的的环保总方针，其涵盖了详细的战略目标和战略实施方式，明确了日本推进节能减排、环保技术革新的具体路径。《21世纪环境立国战略》不仅仅是一个简单的行动纲领，其蕴含着日本旨在通过环境保护再次振兴经济的思想、内涵和脉络，值得中国研究学习。2018 年 5 月，习近平同志在全国生态环境保护大会上强调："生态环境是关系党的使命宗旨的重大政治问题，也是关系民生的重大社会问题。广大人民群众热切期盼加快提高生态环境质量。我们要积极回应人民群众所想、所盼、所急，大力推进生态文明建设，提供更多优质生态产品，不断满足人民群众日益增长的优美生态环境需要。"（习近平，2018）日本经验告诉我们，制定一部环保战略规划和实行最严格的生态环境保护制度，是中国建设生态文明实现中华民族永续发展的千年大计的重要纲领。

第二，构建强有力的环境保护立法体系及制度。通过前文的归纳总结发现，围绕环境保护日本出台了数十部法律法规，这些法律法规从宏观到微观、从粗浅到精细、从产业到产品、从行业到企业再到家庭和个人，涉及经济社会发展的方方面面。同时，日本政府围绕容器包装物、大小型家电、建筑、食品、汽车等多个领域颁布了多部循环经济法律。日本针对经济社会发展中出现的环境违法行为出台了具体的管制措施，如根据"谁污染，谁治理"的原则，造成污染的企业必须承担治理污染的巨额费用等，这些法律法规为保障经济社会正常运转发挥着重要作用。严格有效的法律法规是环保实践的重要保障，为环保制度的顺畅推进保驾护航。环保立法是一个开放而复杂的系统工程，经济社会的可持续发展离不开完善的环保立法。我国应学习日本尽快制定涵盖多个领域的有效的循环经济法律法规，要严格落实已经出台的循环经济法律法规，还必须加速推进循环型社会经济法律法规建设，做到有法必依、执法必严、违法必究。

第三，注重提升公众的环保意识。通过前文的分析发现，日本也曾经经历过雾霾笼罩、垃圾遍地、资源浪费，甚至环境污染对国民身体健康造成巨大损害的时期。今天的日本，空气清新、垃圾精细分类、低碳生活、绿色出行，这与日本国民的高素质和环保意识分不开。只有国民环保意识不断提高，才能确保循环利用体系更好地发展。日本政府从学校教育和企业教育入手，大力宣传和倡导循环经济建设，打好促进和发展循环经济的群众基础，不断提高国民的循环经济意识。日本通过立法、学校教育，利用各种宣传媒介，使爱护环境、维护生态平衡成为国民日常经济活动和社会生活的基本准则。

第二节　促进中国循环经济发展的对策

2000 年以来，日本通过对容器包装物、大小型家电、建筑物、食品、汽车等废弃物采取严格管控和实施再生利用，日本在循环经济建设上取得了显著的成就，其对经济增长也起到了很大的推动作用。第九章的分析指出，中国在循环经济建设上还存在一些不足，日本针对不同产业、具体领域开展以循环经济促经济发展的做法值得中国借鉴。

第一，中国应尽快建立健全容器包装物、大小型家电、建筑物、食品、汽车等废弃物回收再利用专门法律和配套制度。如前文所述，日本在 2013 年开始实施《小型家电再生利用法》，该法规定了国家、地方政府、制造商、零售商、消费者等主体的责任，规范了回收品种和回收方式。为配合法律的实施，日本政府还构建了认证回收制度。中国目前还没有专门针对容器包装物、大小型家电、建筑物、食品、汽车等废弃物回收处理的专门政策法规，相关的政策法规分散在废弃管理政策和标准规范中。未来中国应借鉴日本经验，不断完善现行的废弃物回收处理管理相关条例，并尽快出台专门法律和相配套的制度，使废弃物回收再利用的各个环节做到有法可依、有章可循。

第二，规范回收市场和回收方式。日本通过地方政府、认证处理企业和零售商等多主体共同协助消费者排放废弃物。地方政府因地制宜选定回收方式、开展回收活动，认证处理企业直接开展回收，零售商负责协助地方政府和认证处理企业开展回收活动。这种多主体协作的模式使废弃物回收再利用实现了多层面全方位覆盖。通过第九章分析可知，中国自 2007 年实施的《再生资源回收管理办法》规定从事再生资源回收经营活动者必须持有营业执照。但是，目前，中国的废弃物回收市场和税收方式还比较混乱。借鉴日本经验，中国应首先从源头上加强对家电等废弃物回收的管理，建立由多主体构成的回收体系。同时，中国城市差异化较大，也应考虑选择适合本地区的有地方特色的回收方式。

第三，完善资质许可制度，加大对从事废旧物处理企业的监管力度。例如，中国 2011 年实施的《废弃电器电子产品回收处理管理条例》对废弃电气电子产品的种类和处理从业人员做出详细规范。但是，该管理条例的实施情况并不理想。中国目前还存在许多未取得资质认证的小型处理工厂，拆解方式基本处于手工作业阶段，没有形成规模化和机械化操作。未来，中国应提高对资质许可制度的实施标准，加大对非法违规回收处理的执法力度。中国应借鉴日本资质认证制度的经验，加强对从事废弃物资源化处理的企业和地方政府进行严格的监管，对于不符合规范的认证企业，应剥夺其回收处理资质。

第四，应完善汽车回收再利用产业，完善汽车报废、回收、循环再利用机制。汽车在制造过程中消耗了大量的自然资源，特别是矿产资源。汽车使用过程中也消耗了大量的油气资源，同时，废弃的汽车还占据大量土地空间资源。目前，中国的现状是，超期使用、不合理的报废等造成废弃汽车再循环利用陷入困境。因此，需要走出一条"自然资源-汽车产品-废弃汽车-再生资源"闭环型的汽车经济发展道路，这是中国亟待研究解决的一个重要课题。

第三节　促进中国低碳经济发展的对策

一、应加快低碳技术创新

先进的低碳技术是发展低碳经济的关键。通过前文分析可知，目前日本拥有全球最先进的温室效应气体测量技术、低碳新型材料制造技术、可再生能源制造技术及绿色能源储存技术。上述四大领域的先进技术在很大程度上加速了日本低碳经济转型的进程。对中国而言，由于技术研发能力有限，在高水平的低碳技术领域创新不足，因此，中国应该首先建立低碳技术自主创新的市场环境，鼓励并扶持中小企业进行低碳技术创新，以提高低碳技术创新主体的创新水平。其次，中国应该积极与日本、英国、德国等低碳技术发展比较成熟的国家进行技术合作，以更好地利用全球低碳创新资源。最后，政府应该加强知识产权体系建设，为低碳技术创新提供良好的保护环境。

二、加快产业结构调整

实现产业结构优化升级，是发展低碳经济的必由之路。日本在能源短缺及环境污染加剧的情况下，不断改变以重化工业为主的产业结构，加快以半导体、新材料等技术密集型产业发展，从而促进了其产业结构的升级。中国在经济快速发展的阶段应该借鉴日本经验，加快优化产业结构。首先，大力发展第三产业，制定相关制度，促进服务业的发展，提高服务业在国民经济中的比重。其次，向低能耗方向调整工业内部行业结构，通过调整工业的内部结构关系，构建低能耗的工业体系。最后，控制高耗能行业快速增长，采取有效措施，对新建高能耗项目严格审查，控制高能耗行业发展过快，推进新型工业化建设。

第四节　促进中国废弃物贸易发展的对策

一、完善环境管制，加强进口监管

目前，中国是日本最主要的废弃物出口贸易伙伴，原因之一就是中国的环境管制标准低。因此，笔者认为，首先应提高国内的环境管制标准，可以设置环境税，如排污税、产品税等，提高环境达标成本，以减少因环境成本较低而带来的废弃物过度流入。其次，中国再利用进口废弃物会产生大量的二氧化碳，在此可以借鉴日本经验，征收"地球温暖化对策税"，以激励进口企业重视环境保护。另外，还应加强进口监管，检验检疫部门应加大检查力度，降低进口废弃物环境不合格率。加大推进当前禁止"洋垃圾"入境改革方案的实施力度，严格控制废弃物的合理流入，防止发达国家以"兜售"资源为名向中国倾倒垃圾。

二、加大与周边国家合作

首先，与日本等发达国家合作。中国进口发达国家的废弃物，并由此承接了其环境污染。中国应该以此为出发点，与发达国家进行谈判，要求获得发达国家在新能源技术、节能减排技术及防止产业公害技术上的帮助。其次，促进废弃物贸易的地区化分工，与印度、菲律宾等发展中国家合作，共同形成一个废弃物贸易的循环体系，如中国只允许 PET 塑料瓶的进口，而菲律宾则允许将压缩整瓶状态的 PET 塑料瓶的进口按照《巴塞尔公约》作为事先通报、认可的对象处理。因此，PET 塑料瓶的回收利用，就形成了发达国家–菲律宾–中国的循环利用体系。最终将废弃物再利用过程中造成的污染分担到各国，从而减轻国内的环境负担。

三、加快改善贸易结构与产业结构

首先，转变对外贸易发展方式，注重环境友好型贸易发展。要有选择地进口废弃物，注重回收率高的废弃物的进口，并且减少对国外污染密集型产业的承接。其次，注重国内资源的循环利用，促进国内相关产业向循环经济方向调整，提高国内废弃物资源的利用率。政府应加大财政及政策支持，以促进国内废弃物回收的产业化，形成专业化的废弃物回收、分类、处理、再利用产业链。对贸易结构以及产业结构进行调整，减少废弃物进口的同时，促进国内废弃物资源化，最终实现环保与发展的双赢。

第五节　促进中国绿色消费的对策

一、尽快完善绿色消费法律法规体系建设

日本是全球绿色消费立法最完善的国家之一。《绿色消费法》以立法形式严格规定了中央政府、地方政府、环保主管部门、企业、消费者和第

三部门的责任与义务。借鉴日本经验，中国需在《政府采购法》和《节能产品政府采购实施意见》等政策法规基础上尽快开展绿色消费和绿色政府采购方面的立法准备，法条应该明确不同主体的责任与义务，并增加绿色消费政策的可操作性。

二、充分发挥财税拉动效应推进绿色消费

由于绿色产品的研发、生产和回收的全生命周期成本一般要高于普通产品，这要求政府在前期积极使用财税政策对生产绿色产品的企业进行补贴，引导消费者购买绿色产品。借鉴日本经验，一方面中国应尽早建立绿色税制，灵活发挥税收的杠杆作用，对高污染、高能耗企业征收生态税，督促其改进绿色技术，参与清洁生产。另一方面，政府应首先在家电、住宅和汽车等占家庭开支较大或环境负荷较大的项目上为符合标准的节能产品提供补贴，激励消费者选择环保产品。

三、加快制定激励消费者选择绿色消费的奖励政策

日本绿色消费制度推进的成功离不开节能标示制度和环保积分制度等配套措施。节能标示制度激发了日本企业研发、生产环保产品的积极性，环保积分制度激励了消费者选择符合要求的绿色产品。中国当前碎片化的环保标示现状使消费者不能准确识别和购买绿色产品，这要求中国借鉴日本的节能标示制度和国际绿色标准，整合国内现有的绿色消费产品的标示制度，并注重加强企业和民众对相关标示制度的认可。

四、政府、协会及企业应加强绿色消费宣传

企业和民众对绿色产品的认可是消费者绿色消费的基础。结合日本经验，中国可从以下三个途径加强绿色消费的宣传和教育：政府率先开展绿色采购，发挥示范效应，使广大民众意识到绿色消费的重要性；消费者协会等组织定期发布绿色购买指南等建议，充分发挥第三部门的宣传和引导作用；在学校、社区开设绿色消费课程，引导学生和居民开展绿色消费实践。

参 考 文 献

鲍健强, 苗阳, 陈锋. 2008. 低碳经济: 人类经济发展方式的新变革[J]. 中国工业经济, (4): 153-160.

蔡林海. 2009. 低碳经济: 绿色革命与全球创新竞争大格局[M]. 北京: 经济科学出版社.

陈汝翔, 李鹏冲. 2016. 基于循环经济的 MFA 框架构建——以 "城市矿山" 为例[J]. 中国商论, (25): 158-160.

陈维春. 2006. 论危险废物越境转移的法律控制——《巴塞尔公约》和《巴马科公约》比较研究[J]. 华北电力大学学报(社会科学版), (1): 58-64.

陈治国, 张军元. 2011. 循环经济背景下的日本汽车产业创新[J]. 现代日本经济, (1): 64-71.

程永明. 2013. 日本的绿色采购及其对中国的启示[J]. 日本问题研究, (2): 45-50.

崔成, 牛建国. 2012. 日本绿色消费与绿色采购促进政策[J]. 中国能源, (6): 22-25.

崔选盟. 2008. 日本汽车回收再利用制度对中国的借鉴意义[J]. 环境污染与防治, (10): 84-87.

邓晓兰, 鄢哲明, 武永义. 2014. 碳排放与经济发展服从倒 U 型曲线关系吗——对环境库兹涅茨曲线假说的重新解读[J]. 财贸经济, (2): 19-29.

范连颖. 2008. 日本循环经济的发展与理论思考[M]. 北京: 中国社会科学出版社.

方恺. 2015. 足迹家族: 概念、类型、理论框架与整合模式[J]. 生态学报, (6): 1647-1659.

冯烽, 叶阿忠. 2013. 中国的碳排放与经济增长满足 EKC 假说吗?——基于半参数面板数据模型的检验[J]. 预测, (3): 8-12.

冯之浚, 周荣, 张倩. 2009. 低碳经济的若干思考[J]. 中国软科学, (12): 18-23.

付允, 马永欢, 刘怡君, 等. 2008. 低碳经济的发展模式研究[J]. 中国人口·资源与环境, (3): 14-19.

傅京燕. 2002. 环境成本内部化与南北贸易关系[J]. 国际贸易问题, (11): 47-51.

郭廷杰. 2001. 食品废物再生利用途径广阔——日本实施 "食品废物再生法" 近况简介[J]. 中国资源综合利用, (9): 37-39.

国务院发展研究中心应对气候变化课题组. 2009. 当前发展低碳经济的重点与政策建议[R]. 中国发展观察, (8): 13-15.

韩玉军, 陆旸. 2009. 经济增长与环境的关系——基于对 CO_2 环境库兹涅茨曲线的实证研究[J]. 经济理论与经济管理, (3): 5-11.

杭正芳, 周民良, 李同昇. 2012. 日本废旧家电如何 "变废为宝" [J]. 环境保护, (Z1): 97-100.

贺爱忠, 李韬武, 盖延涛. 2011. 城市居民低碳利益关注和低碳责任意识对低碳消费的影响——基于多群组结构方程模型的东、中、西部差异分析[J]. 中国软科学, (8): 185-192.

胡钦太, 郑凯, 林南晖. 2014. 教育信息化的发展转型: 从 "数字校园" 到 "智慧校园"

[J]. 中国电化教育, (1): 35-39.

胡涛, 曹春苗, 吴玉萍. 2010. 日本如何回收拆解再利用报废汽车[J]. 环境保护, (9): 71-73.

胡新军, 张敏, 余俊锋, 等. 2012. 中国餐厨垃圾处理的现状、问题和对策[J]. 生态学报, (14): 4575-4584.

华义, 胡俊凯. 2017-02-23. 走进日本废旧家电处理厂[N]. 经济参考报, (04).

黄铮, 外冈丰, 宋国君, 等. 2006. 中日环境库兹涅茨曲线的比较和启示[J]. 环境与可持续发展, (2): 9-11.

金涌, 冯之浚, 陈定江. 2010. 循环经济: 理念与创新[J]. 中国工程科学, (7): 4-9, 44.

蓝庆新. 2006. 日本发展循环经济的成功经验及对我国的启示[J]. 东北亚论坛, (1): 84-88.

李冬. 2002. 日本的环境 NGO[J]. 东北亚论坛, (3): 81-82, 86.

李冬. 2008. 日本的环境立国战略及其启示[J]. 现代日本经济, (2): 6-9.

李冬. 2011. 日本发展低碳经济的未来构想[J]. 现代日本经济, (1): 18-24.

李慧明, 王磊, 张菲菲. 2007. 日本家庭在循环经济发展中的经验和做法及对我国的启示[J]. 东北亚论坛, (6): 101-106.

李克强. 2017. 政府工作报告——2017 年 3 月 5 日在第十二届全国人民代表大会第五次会议上 [EB/OL]. http://sh.people.com.cn/n2/2017/0317/c138654-29868849.html [2020-09-24]. 李景茹, 赫改红, 钟喜增. 2017. 日本、德国、新加坡建筑废弃物资源化管理的政策工具选择研究[J]. 建筑经济, (5): 87-90.

李俊, 牟桂芝, 大野木升司. 2013. 日本建筑垃圾再资源化相关法规介绍[J]. 中国环保产业, (8): 65-69.

李沛生. 2012. 发展绿色包装是包装工业可持续发展之路[J]. 中国包装工业, (2): 34-39.

李晴, 石龙宇, 唐立娜, 等. 2011. 日本发展低碳经济的政策体系综述[J]. 中国人口资源与环境, (3): 489-492.

李湘滇. 2008. 发达国家与发展中国家可回收废弃物贸易的动因分析[J]. 商场现代化, (27): 376-377.

李修棋. 2002. 危险物质管理控制的国际法制度[J]. 环境保护, (11): 11-14.

林伯强, 蒋竺均. 2009. 中国二氧化碳的环境库兹涅茨曲线预测及影响因素分析[J]. 管理世界, (4): 27-36.

林永生, 吴其倡, 袁明扬. 2018. 中国环境经济政策的演化特征[J]. 中国经济报告, (11): 39-42.

刘昌黎. 2002. 90 年代日本环境保护浅析[J]. 日本学刊, (1): 79-92.

刘昌黎. 2009. 日本的循环社会建设[J]. 外国问题研究, (3): 66-72.

刘昌黎. 2014. 现代日本经济概论[M]. 辽宁: 东北财经大学出版社.

刘华军, 闫庆悦, 孙曰瑶. 2011. 中国二氧化碳排放的环境库兹涅茨曲线——基于时间序列与面板数据的经验估计[J]. 中国科技论坛, (4): 108-113.

刘景矿, 吴妍珣. 2017. 日本建筑废弃物传票制度对我国的借鉴与启示[J]. 建筑技术(4): 392-394.

刘兴利. 2009. 积极开发"城市矿山"全面协调发展循环经济[J]. 再生资源与循环经济, (9): 3-5.

刘修岩, 陆旸. 2012. 出口贸易对中国区域创新能力影响的实证分析[J]. 东南大学学报

(哲学社会科学版), (5): 55-59, 127.

刘战伟. 2009. 我国绿色消费存在的问题及营销对策[J]. 改革与战略, (10): 39-40.

刘志坚. 2007. 基于循环经济的产业链耦合机制研究[J]. 科技管理研究, (7): 111-113.

陆学, 陈兴鹏. 2014. 循环经济理论研究综述[J]. 中国人口·资源与环境, (S2): 204-208.

牛文元. 2004. 循环经济: 实现可持续发展的理想经济模式[J]. 中国科学院院刊, (6): 408-411.

潘家耕. 2003. 论绿色消费方式的形成[J]. 合肥工业大学学报(社会科学版), (6): 93-97.

潘家华, 庄贵阳, 郑艳, 等. 2010. 低碳经济的概念辨识及核心要素分析[J]. 国际经济评论, (4): 88-101, 5.

平力群. 2009. 日本政府刺激消费政策中的"绿色"概念[J]. 消费导刊, (17): 9.

蒲云辉, 唐嘉陵. 2012. 日本建筑垃圾资源化对我国的启示[J]. 施工技术, (21): 43-45.

朴玉. 2012. 日本家电废弃物回收处理状况分析[J]. 现代日本经济, (1): 69-79.

齐建国. 2004. 关于循环经济理论与政策的思考[J]. 经济纵横, (2): 35-39.

钱易. 2005. 科学发展观与科技伦理问题[J]. 高等工程教育研究, (2): 10-11, 15.

曲格平. 2001. 发展循环经济是 21 世纪的大趋势[J]. 中国环保产业, (S1): 4-5.

施锦芳, 李博文. 2017. 日本绿色消费方式的发展与启示——基于理念演进、制度构建的分析[J]. 日本研究, (4): 56-62.

施锦芳, 李博文. 2018. 日本食品垃圾循环制度构建及其对中国的启示[J]. 大连大学学报, (1): 90-94,115.

施锦芳, 李博文. 2018. 日本小型家电回收再利用的制度构建分析[J]. 现代日本经济, (3): 85-94.

施锦芳, 吴学艳. 2017. 中日经济增长与碳排放关系比较——基于 EKC 曲线理论的实证分析[J]. 现代日本经济, (1): 81-94.

施锦芳. 2008. 日本对华政府开发援助的价值评析[J]. 日本研究, (2): 55-58.

施锦芳. 2010. 日本循环经济成功经验探析[J]. 日本研究, (1): 77-82.

施锦芳. 2015a. 人口少子老龄化与经济社会可持续发展: 以日本为例[M]. 北京: 科学出版社.

施锦芳. 2015b. 日本的低碳经济实践及其对我国的启示[J]. 经济社会体制比较, (6): 136-146.

司林胜. 2002. 对我国消费者绿色消费观念和行为的实证研究[J]. 消费经济, (5): 39-42.

孙萍. 2012. 论危险废弃物越境转移的法律控制——浅谈《巴塞尔公约》[J]. 法制与社会, (17): 267-268.

孙巍, 刘阳. 2015. 日本能源管理分析及对我国的启示[J]. 现代日本经济, (2): 72-82.

谭抚, 曹坤元, 刘英利. 1999. 日本建筑废弃物的处理及再利用[J]. 山西建材, (2): 47-48.

王建国, 杜伟强. 2016. 基于行为推理理论的绿色消费行为实证研究[J]. 大连理工大学学报(社会科学版), (2): 13-18.

王军, 岳思羽, 乔琦. 2006. 我国静脉产业的发展现状及今后的主要工作[J]. 环境保护, (22): 30-33.

王美昌, 徐康宁. 2015. 贸易开放、经济增长与中国二氧化碳排放的动态关系——基于全球向量自回归模型的实证研究[J]. 中国人口·资源与环境, (11): 52-58.

王秋菲, 王盛楠, 李学峰. 2015. 国内外建筑废弃物循环利用政策比较分析[J]. 建筑经济, (6): 95-99.

王胜今, 李超. 2008. 日本实施《家电再生利用法》解析[J]. 现代日本经济, (2): 1-5.

王亚涛, 尹建锋, 徐鹤, 等. 2014. 日本废弃小型家电回收体系及其借鉴[J]. 未来与发展, (10): 32-38.

王云飞, 金宜英. 2012. 从餐厨废弃物看日本"变废为宝"的模式创新[J]. 环境保护, (16): 72-74.

魏全平, 童适平. 2006. 日本的循环经济[M]. 上海: 上海人民出版社.

翁新汉. 2003. 绿色消费的兴起与绿色消费市场的培育[J]. 学习论坛, (9): 69-70.

吴波, 李东进, 王财玉. 2016. 基于道德认同理论的绿色消费心理机制[J]. 心理科学进展, (12): 1829-1843.

吴季松. 2005a. 略论新循环经济学[J]. 人民论坛, (9): 82-83.

吴季松. 2005b. 正确理解循环经济的内涵[N]. 科技日报, (06).

武春友, 邓华, 段宁. 2005. 产业生态系统稳定性研究述评[J]. 中国人口·资源与环境, (5): 6.

郗永勤. 2014. 循环经济发展的机制与政策研究[M]. 北京: 社会科学文献出版社.

习近平. 2013. 弘扬人民友谊 共同建设"丝绸之路经济带"[EB/OL]. http://cpc.people. com.cn/n/2013/0908/c64094-22843681.html[2020-09-24].

习近平. 2018. 习近平在全国生态环境保护大会上强调: 坚决打好污染防治攻坚战 推动生态文明建设迈上新台阶[EB/OL]. http://www.gov.cn/xinwen/2018-05/19/content_5292116.htm[2020-09-24].

夏训峰, 席北斗. 2008. 报废汽车回收拆解与利用[M]. 北京: 国防工业出版社.

夏勇, 钟茂初. 2016. 经济发展与环境污染脱钩理论及 EKC 假说的关系——兼论中国地级城市的脱钩划分[J]. 中国人口·资源与环境, (10): 8-16.

向宁, 梅凤乔, 叶文虎. 2014. 日本废弃家用电器回收处理的管理实践及其借鉴[J]. 环境科学与技术, (S1): 284-289, 318.

向宁, 梅凤乔, 叶文虎. 2015. 中国废弃家用电器回收渠道建设初探[J]. 生态经济, (3): 103-106.

晓航. 2010. 餐饮垃圾处理学学日本[J]. 产权导刊, (9): 70-71.

谢曦. 2012. 赴日本、韩国考察建筑废弃物再利用[J]. 砖瓦世界, (3): 42-44.

徐盛国, 楚春礼, 鞠美庭, 等. 2014. "绿色消费"研究综述 [J]. 生态经济, (7): 65-69.

徐玉高, 吴宗鑫. 1998. 国际间碳转移: 国际贸易和国际投资[J]. 世界环境, (1): 6.

徐中民, 张志强, 程国栋. 2000. 当代生态经济的综合研究综述[J]. 地球科学进展, (6): 688-694.

许广月, 宋德勇. 2010. 中国碳排放环境库兹涅茨曲线的实证研究——基于省域面板数据[J]. 中国工业经济, (5): 37-47.

杨华. 2007. 论废弃物国际贸易损害性后果与国家赔偿责任机制[J]. 政治与法律, (2): 125-130.

杨华. 2009. 废弃物贸易国家赔偿责任的法哲学基础[J]. 法学杂志, (5): 28-30.

杨华. 2009. 透视废弃物国际贸易问题[J]. 环境保护, (18): 73-75.

杨书臣. 2008. 日本节能减排的特点、举措及存在的问题[J]. 日本学刊, (1): 15-25 ,158.

叶军, 郝明柳. 2014. 日本《废旧机动车回收再利用法》及实施成效分析[J]. 生态经济(学术版), (1): 245-249.

尹晓亮. 2010. 日本构建低碳社会战略的依存基础、设计论证及践行特点[J]. 日本学刊,

(4): 67-78, 158.

於素兰, 孙育红. 2016. 德国日本的绿色消费: 理念与实践[J]. 学术界, (3): 221-230.

于长虹, 王运武, 马武. 2014. 智慧校园的智慧性设计研究[J]. 中国电化教育, (9): 7-12.

岳同选. 2018. 中国拒绝洋垃圾 世界受惠新格局[J]. 绿色包装, (9): 78-82.

张季风. 2009. 日本经济概论[M]. 北京: 中国社会科学出版社.

张季风. 2013. 重新审视日本 "失去的二十年" [J]. 日本学刊, (6): 9-29, 157.

张立新, 朱弘扬. 2015. 国际智慧教育的进展及其启示[J]. 教育发展研究, (5): 54-60.

张录强. 2005. 循环经济的生态学基础探析[J]. 河北经贸大学学报, (3): 28-33.

张路. 2005. 循环经济的生态学基础[M]. 北京: 人民出版社: 92-94.

张婉茹, 王海澜, 姜毅然. 2008. 日本循环经济法规与实践[M]. 北京: 人民出版社.

张湘兰, 秦天宝. 2003. 控制危险废物越境转移的巴塞尔公约及其最新发展: 从框架到实施[J]. 法学评论, (3): 93-104.

赵立华, 张群卉. 2010.国际贸易中的环境掠夺及我国的对策研究[J]. 湖南科技大学学报(社会科学版), (4): 80-83.

赵立祥, 陈黎娟, 任海英, 等. 2005. 循环经济与相关概念的辨析[J]. 环境科学与技术, (S2): 27-28, 36.

赵立祥. 2007. 日本的循环型经济与社会[M]. 北京: 科学出版社.

郑红, 张振业. 2006. 发达国家及地区废旧家电多元化回收和集中处理模式及建立我国废旧家电回收与再生利用管理模式的建议[J]. 家电科技, (6): 39-43.

郑宁来. 2012. PET 瓶成为日本茶饮料首选的包装容器[J]. 聚酯工业, (2): 42.

周帮扬, 张晶晶. 2015. 我国餐厨废弃物处理法律问题及其对策建议[J]. 法制与社会, (17): 51-54.

周睿. 2015. 新兴市场国家环境库兹涅茨曲线的估计——基于参数与半参数方法的比较[J]. 国际贸易问题, (3): 14-22, 64.

周少甫, 赵明玲, 苏龙. 2015. 中国碳排放库兹涅茨曲线实证研究——基于 Gregory-Hansen 协整分析[J]. 长江流域资源与环境, (9): 1471-1476.

周永生. 2007. 日本环境保护机制及措施[J]. 国际资料信息, (4): 24-29.

朱平辉, 袁加军, 曾五一. 2010. 中国工业环境库兹涅茨曲线分析——基于空间面板模型的经验研究[J]. 中国工业经济, (6): 65-74.

诸大建, 臧漫丹, 朱远. 2005. C 模式: 中国发展循环经济的战略选择[J]. 中国人口·资源与环境, (6): 8-12.

诸大建, 朱远. 2006. 循环经济: 三个方面的深化研究[J]. 社会科学, (4): 46-55.

宗禾, 邢正. 2004. 日本把食品下脚变成佳肴[J]. 中国合作经济, (6): 1.

Ajzen I. 1991. The theory of planned behavior, organizational behavior and human decision processes[J]. Journal of Leisure Research, 50(2): 179-211.

Akhmad N F, t Julien D B. 2015. Understanding how to improve urban walking condition in Japanese low carbon society[J]. AIJ Kyushu Chapter architectural research meeting, (3): 4-6.

Albers J. 2015. The international trade in hazardous wastes and its economic background[J]. Responsibility and Liability in the Context of Transboundary Movements of Hazardous Wastes by Sea, (29): 11-33.

Ann P K, Daniel M K. 1998. National trajectories of carbon emissions: Analysis of proposals to foster the transition to low-carbon economies[J]. Global Environmental Change, 8(3): 183-208.

Baumol W W, Wallace E O. 1988. The theory of environmental policy[M]. Cambridge: Cambridge University Press.

Boulding K K. 1966. The economics of the coming spaceship earth, environmental quality in a growing economy[J]. Economics, 3(3): 1-8.

Brander J, Taylor S. 1997. International trade and open access renewable resources: the small open economy case[J]. Journal of Economics, 30(3): 526-552.

Cai B F, Wang J N, Yang W S, et al. 2012. Low carbon society in China: Research and practice[J]. Advances in Climate Change Research, (2): 106-120.

Chamberlin S, Maxey L, Hurth V. 2015. Reconciling scientific reality with realpolitik: moving beyond carbon pricing to TEQs -an integrated, economy-wide emissions cap[J]. Carbon Management, (4): 411-427.

Chan K. 1999. Market segmentation of green consumers in Hong Kong[J]. Journal of International Consumer Marketing, (2): 7-24.

Clive L S. 2007. Reviewon the economics of climate change[M]. Cambridge : University Press.

Department of Trade and Industry. 2003. Our energy future-creating a low carbon economy. Department of Trade and Industry.

Dickey D A , Fuller W A. 1979. Distribution of the estimators for the autoregressive time series with a unit root[J]. Journal of the American Statistical Association, (79): 355-367.

Ekins P, Folke C, Costanza R. 1994. Trade , environment and development: The issues in perspective[J] . Ecological Economics, (9): 1-12.

Elkington J, Hailes J. 1988. The green consumer guide: from shampoo to champagne: high-street shopping for a better environment[M]. London: V. Gollancz Ltd.

Erlandsen S, Nymoen R. 2008. Consumption and population age structure[J]. Journal of Population Economics, (3): 505-520.

Grossman G M, Alan B K. 1991. Environmental impact of a North American free trade agreement[J]. NBER Working Paper .

Hossain S. 2012. An econometric analysis for CO_2 emissions, energy consumption, economic growth, foreign trade and urbanization of Japan[J]. Low Carbon Economy, (3): 92-105.

Hyunsook L, Kiyo K, Keisuke H. 2015. The effect of information provision on pro-environmental behaviors[J]. Low Carbon Economy, (2): 30-40.

Kuznets S. 1955. Economic growth and income inequality[J]. American Economic Review, 45(1):1-28.

Lind J T, Mehlum H. 2010. With or without U？ the appropriate test for a u-shaped relationship [J]. Wiley Online Library, 72(1): 109-18.

Mankiw G. 2001. Principles of Economics[M]. Beijing: China Machine Press .

Mazzanti M, Musolesi A, Zoboli R. 2006. A bayesian approach to the estimation of environmental kuznets curves for CO_2 emissions[M]. Working Papers, The FEEM Press.

Myers N, Vincent J R. 1997. Theodore panayotou consumption: Challenge to Sustainable

Development [J]. Science, 276(5309): 53-55.

Nicholas S. 2007. Review on the economics of climate change[M]. Cambridge : Cambridge University Press.

Pearce D W, Turner R K. 1990. Economics of natural resources and the environment[M]. Washingon: Johns Hopkins University Press.

Phillips P C B., Perron P. 1987. Testing for a unit root in time series regression[J]. Biometrika, 75(2): 335-346.

Rees W, Wackernagel M. 1996. Urban ecological footprints: why cities cannot be custainable—and why they are a key to sustainability[J]. Environmental Impact Assessment Review, 16(4):537-555.

Rees W E. 1992. Ecological footprints and appropriated carrying capacity: what urban economics leaves out[J]. Environment and Urbanization, 4(2): 121-130.

Sasabuchi, S. 1980. A test of a multivariate normal mean with composite hypotheses determined by linear inequalities[J]. Biometrika, 67: 429-439.

Siebert H, Eichberger J, Gronych R, et al. 1980. Trade and environment: a theoretical enquiry[M]. New York: Elsevier Scientific publishing Company.

Stern D L, Common M S, Barbier E B. 1996. Economic growth and environmental degradation: the environmental Kuznets curve and sustainable development[J]. World Devlopment, 24 (7): 1151-1160.

Straughan R D, Roberts J A. 1999. Environmental segmentation alternatives: a look at green consumer behavior in the new millennium[J]. Journal of Consumer Marketing, (6): 558-575.

Wang J. 2010. Low carbon economy in the context of international trade[J]. World Economy Study, (11): 50-55.

Yoshida Y, Matsuhashi R. 2013. Estimating power outage costs based on a survey of industrial customers[J]. Electrical Engineering in Japan, (4): 25-32 .

坂本博. 2013. 低炭素世界モデルの構築と事例: 低炭素社会の実現に向けて[J]. AGI Working Paper Series, (3): 1-31.

関根孝道. 2005. 有害廃棄物の越境移動と国際環境正義 : いわゆるニッソー事件とバーゼ[J] .総合政策研究, (18): 99-129.

鶴見哲也, 馬奈木俊介, 日引聡. 2008. 環境クズネッツ曲線仮説の再検討[J]. 計画行政, (31): 37-44.

吉田文和. 2001. 循環型社会基本法下の廃棄物問題の背景と解決への展望[J]. 廃棄物学会誌, (2):86-95.

吉田文和. 2004. 循環型社会[M]. 東京: 岩波新書.

吉田文和. 2010. 環境経済学講義[M]. 東京: 岩波新書.

吉野敏行. 1996. 資源循環型社会の経済学論[M]. 東京: 東海大学出版会.

吉野秀吉. 1998. ごみ焼却排ガス中の変異原性物質(ごみ焼却場と有害化学物質をめぐる諸問題)[J]. 大気環境学会年会講演要旨集,(39): 92-93.

浅岡美惠. 諸富徹. 2010. 低炭素経済への道[M].東京: 岩波新書.

青木一益, 鈴木直人. 2007. CO_2排出削減を目的とした環境税をめぐる政策過程分析: 制度選択・導入の阻害要因とその政治的含意を中心に [J]. 千葉商大論叢, 45(1):

31-43.

泉知行. 2016. 循環型社会および低炭素型社会形成に資する選別・破砕システムの構築[J]. 産廃処理の総合専門誌, (12): 2-7.

日本环境省. 2012. 循环型社会及生物多样性[R]. 环境白皮书.

日本环境省. 2017a.「都市鉱山からつくる! みんなのメダルプロジェクト」について[EB/OL]. http: //www. toshi-kouzan. jp[2020-09-24].

日本环境省. 2017b. 小型家電リサイクル[EB/OL]. http://www.env.go.jp/recycle/recycling/raremetals/law. html[2020-09-24].

日本経済産業省. 2010. グリーン・イノベーションの加速化に向けて[R]. 経済産業省調査報告.

日本内閣府. 2011. 価格技術基本計画[R]. 日本内閣府報告書.

石川雅紀, 小島理沙. 2015. わが国の食品ロス・廃棄の現状と対策(第 3 回)食品リサイクル法の施行状況 [J]. 食品と容器, (56): 420-426.

勢一智子. 2011. 新環境法シリーズ循環型社会の法戦略 : 環境イノベーションを誘導する法政策(第 3 回)[J]. 環境管理, (11): 860-870.

田中勝. 2002. 循環型経済社会とリサイクル (特集都市と循環型社会)[J]. 都市問題研究. 54(9): 15-28.

西岡秀三. 2011. 低炭素社会のデザインーーゼロ排出は可能か[M]. 東京: 岩波新書.

細田衛士. 2008. 資源循環型社会ーー制度設計と政策展望[M].東京: 慶応大学出版会.

小野洋. 2016. 環境技術会誌廃棄物処理政策の動向、循環型社会形成の推進施策の重点事項[J]. 環境技術会誌, (10): 319-323.

伊藤誠. 2013. 日本経済はなぜ衰退したのかーー再生への道を探る[M].東京: 平凡社.

魚谷増男. 2002. 環境税と環境基本法制をめぐる諸問題[J]. Heisei Journal of Law & Political Science, (6): 1-27.

越田加代子. 2014. 消費者の環境配慮型行動としてのカーボン・オフセット : 低炭素社会の実現に向けて[J]. 立命館經濟學, (5): 97-134.

植田和弘, 喜田川進. 2003. 循環型社会ハンドブック[M].東京: 有斐閣.

植田和弘. 1994. リサイクル社会への途[M].東京: 自治体研究社.

佐藤研一. 2018. 循環型社会の形成に向けた産業廃棄物リサイクルの将来展望[J]. 日本エネルギー学会機関誌えねるみくす, 97(1): 20-29.